电气工程及其自动化

缪成清　李昊禹　乔星汉　著

吉林科学技术出版社

图书在版编目（CIP）数据

电气工程及其自动化 / 缪成清，李昊禹，乔星汉
著 . -- 长春：吉林科学技术出版社，2019.10
ISBN 978-7-5578-6171-1

Ⅰ．①电… Ⅱ．①缪… ②李… ③乔… Ⅲ．①电气工程②
自动化技术 Ⅳ．① TM ② TP2

中国版本图书馆 CIP 数据核字（2019）第 232654 号

电气工程及其自动化 DIANQI GONGCHENG JIQI ZIDONGHUA

著　　者	缪成清　　李昊禹　　乔星汉	
出 版 人	李　梁	
责任编辑	朱　萌	
封面设计	刘　华	
制　　版	王　朋	
开　　本	185mm×260mm	
字　　数	280 千字	
印　　张	12.5	
版　　次	2019 年 10 月第 1 版	
印　　次	2019 年 10 月第 1 次印刷	
出　　版	吉林科学技术出版社	
发　　行	吉林科学技术出版社	
地　　址	长春市福祉大路 5788 号出版集团 A 座	
邮　　编	130118	

发行部电话／传真　　0431—81629529　　　81629530　　　81629531
　　　　　　　　　　81629532　　　81629533　　　81629534

储运部电话　0431—86059116

编辑部电话　0431—81629517

网　　址　www.jlstp.net

印　　刷　北京宝莲鸿图科技有限公司

书　　号　ISBN 978-7-5578-6171-1

定　　价　58.00 元

前　言

随着时代的发展，电气工程自动化对于人们的生活起到了越来越重要的作用，同时，由于社会安全化，信息化水平的显著提高，在很大程度上推进了电气自动化管理和监控的成熟化，并加强了电气工程自动化系统的便捷性和实用性，促成了自动化应用体系的形成，如果人们能够不断反思电气工程自动化过程，及时找到制约发展的问题并采取科学手段予以解决，就能够有效促进社会发展，提高人民生活水平。

电气工程及其自动化是一门综合性较高的学科，它不仅对计算机技术以及电机电器技术信息方面有所涉及，还与机电一体化技术和网络控制技术有着不可分割的联系。在实际运用中，电气工程是我国各项生产活动顺利开展的基础条件，是我国工业发展的重要保障。而电气工程自动化中，自动化作为科学技术不断发展的一种必然产物，也已逐渐变成为提升电气工程质量和效率的关键所在。因此，必须加强对电气工程自动化的重视。

本书将通过对电力系统概述、电气设备选择、电力系统继电保护、电力系统接地与防雷保护、变电站、智能控制技术、物联网智能控制等方面进行了简要阐述。

目　录

第一章　电力系统概述 …………………………………………………… 1

　　第一节　电力系统简介 ……………………………………………… 1

　　第二节　发电系统 ………………………………………………… 19

第二章　电气设备选择 …………………………………………………… 44

　　第一节　电线电缆的选择 ………………………………………… 44

　　第二节　变压器的选择 …………………………………………… 49

　　第三节　互感器的选择 …………………………………………… 52

　　第四节　高压电器与低压电器的选择安装 ……………………… 55

　　第五节　电气自动化设备的选择与安装 ………………………… 85

第三章　电力系统继电保护 …………………………………………… 89

　　第一节　继电保护概述 …………………………………………… 89

　　第二节　继电保护的配置 ………………………………………… 91

　　第三节　继电保护装置检修 ……………………………………… 94

　　第四节　智能化继电保护调试 ………………………………… 112

第四章　电力系统接地与防雷保护 ………………………………… 117

　　第一节　电力系统接地保护 …………………………………… 117

　　第二节　电力系统防雷保护 …………………………………… 122

第五章　变电站 ………………………………………………………… 129

　　第一节　变电站概述 …………………………………………… 129

　　第二节　变电站建设工程管理 ………………………………… 144

　　第三节　智能变电站关键技术研究 …………………………… 152

第六章　智能控制技术 ……………………………………………… 159

　　第一节　专家控制 ………………………………………………… 159

　　第二节　模糊控制 ………………………………………………… 163

　　第三节　神经网络控制 …………………………………………… 168

第七章　物联网智能控制 …………………………………………… 172

　　第一节　物联网控制系统信息传输关键技术 …………………… 172

　　第二节　物联网智能控制技术网关的设计 ……………………… 180

　　第三节　物联网智能控制的路灯设计 …………………………… 183

结　语 ………………………………………………………………… 192

第一章 电力系统概述

在电力系统技术与电力系统的规划中，电力的自动化技术起着极为重要的作用，应当引起我们有关人员足够的认识。为有效控制经济成本，保障电力设备安全平稳的运营，就必须对这些电力设备实施测控、维护及调控，并且把控制与保护系统和电子计算机以及变电站的电子计算机监督控制系统等有机的融合，促成了电力系统的自动化技术。电力系统的自动化技术就是把自动化生产与互联网络计算机水平能力综合应用于电力系统的运行与管理中来，包含发电站与变电所以及配电网络等诸多环节，借助具有现代化功能的远程监控办法与数据信息的共同利用可以促成电力系统的安全运行，提升电力系统综合管理之功效。随着工业与科学技术现代化的不断进步发展，电力系统还在进一步朝着自动化目标迈进。对电力系统及其技术规划工作实施细致的分析研究，有助于促进电力系统技术乃至整个电力电网运营系统的平稳和长效发展。

第一节 电力系统简介

一、电力系统以及电力系统技术

1. 电力系统及电力系统自动化技术的概述

理论上讲，电力系统指的是把（发、变、输、用）电等四方面电能于运营阶段中的循环性工作环节，所促成的电能（生产、传输、分配、消费）等四方面工作有机地融合到一起的系统总称。电力系统自动化主要包含（发电厂测控系统、变电站、电网调度）等三项，其运用到自动化系统中的技术主要有（主动的对象数据库、现场总线控制、光互联并行处理）等三种技术。采取电力系统自动化技术即为了进一步扩大供电范围，有效的提升供电能力，提升供电服务的可靠及安全性，以实现电力系统经济安稳的运营，推进我国电力事业朝着健康、稳定的方向发展。此外，电力系统自动化技术还能够有效的提升电力系统的运作效率与服务水准。

2.电力系统自动化技术的应用分析

（1）发电厂测控系统的自动化分析

发电厂的控制系统大部分实施的均是分层分布结构，即由若干个控制部门构成，过程控制单元包括主控与智能模件。两模件借助智能总线来连接，并达到二者之间相通的通信功效。在电力运行的过程中，过程控制单元可以直接接收和处理各个环节运作的数据参数，并且做到对生产阶段种的质量控制与检测。

（2）变电站的自动化技术分析

变电站自动化技术指的是从现代化的技术方法替换以往的人工操作，针对站内的电气设备及其运营过程实行多维立体的监视与控制，有效的提升变电站的运行效率和安稳性能。变电站的自动化技术运用中，计算机互联网技术与光纤、电缆等均得以广泛的运用。利用系统内部的设备来完成信息数据的互换与分享，有效地解决了变电站全部设备的监视与控制任务。

（3）电网调度自动化分析

电力系统的自动化技术主要是借助电网调度的自动化来达到的，完场电网调度的控制中心同下级电网的控制中心二者间数据信息的准时交换与共享，可以对电网的整个的安全运营做一全面的分析和对电力负荷程度早有预测；可以达到对自动发电及其自动调节实施有效的控制；可以基本满足电力系统市场的需求。

3.主要的电力系统自动化技术分析

（1）主动的对象数据库技术分析

在电力系统监视控制阶段主动的对象数据库技术应用比较广泛，对系统的开发和设计业等方面有着直接的影响。主动的对象数据库较比其他平常的数据库，有着主动功能和针对对象技术予以支持。主动的对象数据库技术可以在系统内部完成对数据的判断与分析，及对数据库中对象函数的调控，提升了数据的可靠和统一性，在数据的共享方面，也不会发生差异现象。

（2）现场总线控制系统技术分析

现场总线技术指的是于电力安装工程现场，安放自动化的仪表，并且与室内调控设备相连接，构成数字化通信互联网。现场总线控制技术采取微机处理模式，将若干个控制测量仪表互连组成一个网络系统，促使数据信息的交流与共享愈加规范。

（3）光互连并行处理器技术分析

光互联技术体现在电力系统的自动调控与机电保护中等运用方面，其主要的特征具有如下几个方面，即：

1）不被电容性荷载所约束，在数据的传递期间，具有极大的灵便性；

2）光互连的扇出数据将被探测器的功率所约束，光互连不会遭受临界线的距离和终端线输出端密度的约束，可以在本系统的内部达到信息数据的互相沟通，传输速度特别的快，并且可以把时间扭曲的局面控制在最微小的范围之内；

3）光互连不可能遭受平面同准平面的约束，光线能够于空间内自由的穿梭，而不可能发生相互之间的作用，大量的研究实践结果证明，光子与电子之互联网络有着灵便的编程特点，而且具备较强大的抗电子干扰功能，促使电力系统的自动化调控与继电保护的能力得到极大的提升。

4. 电力系统自动化电子信息技术的发展趋势

（1）电子设备与电力系统自动化设备的兼容

在当前的电力系统自动化体系中，微机产品运用的较为普遍，已经成为电力系统自动化技术中重要的构成部分。可是因为电力系统之复杂性，长期于电磁环境下操作，也会促使自动化体系遭受破坏，从而致使数据的传输出错抑或是丢失问题的出现，为电力系统的安稳性带来一定程度的不安全因素。

（2）电子技术在电力系统自动化中的广泛应用

随着科技的不断进步，诸如（红外线合成、视频、图像的信息处理）等技术目前已在电力系统中得以广泛的运用。因为电力系统之复杂性愈来愈强，其针对图像的分解的要求也愈来愈高，因此就要利用电子技术对图像实施分析理解，使之达到对电力系统图像的做到智能理解的能力。除此之外，诸如（神经网络、专家系统、模糊技术）等智能控制技术能力的成熟，也在某些方面提升了电力系统自动化技术水准。

（3）电子信息技术的快速更新

随着我国电力系统自动化技术水平的进一步发展与提升，电气设备也会朝向智能与网络化的目标发展，然而近几年来，嵌入式高性能微处理器等电力设备新型产品的不断面世，致使电力系统的装备设置也因此不停地更新换代，从而促使产品的性能大大提升，电力系统的自动化技术能力也在不断地增强。

二、变电安全运行故障及对策

1. 变电运行常见的故障分析与排除

（1）一般故障类型判定方法

变电正常运行时，其接地系统也正常运行，开口三角处电压接近于零。一旦变电运行不正常时，三相电压则无法正常工作，从而系统出现故障。此外，一般故障类型判断还可以有以下情况：接地不正常、线路断线和PT保险发生熔断等。反之，如果开口三角处电压接近整数时，其电压继电器则处于正常工作状态，事实上，凭借用光字牌来判断变点运行故障存在着极大的不确定性，需要参照更为具体的现象来判断。

（2）变电运行一般故障排除

对于变电运行的一般故障排除，我们首先要对事故的性质进行判断，并根据具体的情况具体分析。例如，当变电设备的设备出现故障时，其系统接地也会出现故障。因此，通过设备可以排除系统接地故障。线路断线故障时，应马上进行调度通报，随后安排巡线检测，以避免耽误处理故障的宝贵时间。正常的二次电压下，PT 保险很少会发生熔断。若 PT 保险熔断，则可以火速追踪到二次电压的检查。排除变电运行故障时，首先要调整电力设备的运行参数，并根据具体问题采取具体的措施。

2. 变电运行的跳闸故障

（1）变电运行跳闸故障分析

通常情况下，主变开关出现跳闸是引起变电运行跳闸的第一原因，其次是线路跳闸。主变开关跳闸故障多为主变低压侧开关异常所引起，其次，为主变三侧开关跳闸故障引起。由于二次侧和一次设备直接影响着主变低压侧开关的正常与否，所以，我们可以直接检测二次侧和一次设备来分析其故障的原因。这里，我们对主变三侧开关跳闸故障的原因进行分析。主变差动区、主变内部以及低压侧母线等和主变三侧开关构成了变电运行系统的重要部分，因此，通过分析上述部分可以直接分析主变三侧开关跳闸故障的形成原因。

（2）变电运行跳闸故障排除

1）主变三侧开关跳闸故障排除

主变三侧开关极为容易出现故障，最频繁的是开关跳闸故障。而常用的排除其故障的方法是检查保护掉牌和一次设备。换而言之，若变压器内部处于非正常工作或发送二次回路时，我们应通过判断瓦斯保护是否进行来判断。主变三侧开关同压力释放阀、呼吸器、变压器等都有紧密的联系。因此，这些部分如果出现异常，也会导致故障的发生。另外，主变三侧开关跳槽故障发生时，差动保护动作也可能会出现，差动保护动作属于一次设备，在前面我们提到了检查一次设备时排除主变三侧开关跳闸故障的常见方法。此外，如果有气体存在于瓦斯继电器中，应及时检测其他的特性，如其可燃性、颜色等来判断是否存在故障。

2）主变低压侧开关跳闸故障排除

主变低压侧开关跳闸故障同以下几个因素有着直接的关联，如设备、线路和主变变化动作。具体来说，通过检查主变低压侧的过流保护动作不仅可以排除线路故障开关拒动故障。还可以有效的排除出开关误动故障。如果二次设备线路开关出现异常，则会导致熔断现象的出现。若是主变压开关意外地跳闸动作，需马上找出设备是什么原因出现了故障。若有掉牌，需马上将低压母线全部的出线予以断开，并对主变低压开关进行送出。一旦由于保护动作引起跳闸，只需确定拒动保护的那个线路。而由于直流开关已经跳闸或者是开关脱扣等，需结合现场情形进行解决。

3）线路跳闸故障排除

电力系统中的变电安全运行影响着各行各业工作的安全、稳定与否。作为国家电力系统中的工作人员，应积极应对电力运行中的这些故障，采取相对应的措施来排除和检修。当出线路跳闸故障时，应对故障线路进行及时的检查和保护。具体的检查工作需要从以下几个方面着手。第一，线路跳闸，只需检查消弧线圈和跳闸开关来排除故障；第二，若弹簧结构开关出现跳闸，应检查弹簧储能情况；第三，若液压结构开关出现跳闸，检查液压结构开关的压力是否正常。如果上述检查都属于正常，则应实施强送，前提条件是要保护掉牌复归。

三、电力系统运行可靠性分析与评价

（一）电力系统可靠性概述

1. 电力系统可靠性基本概念

作为衡量产品质量好坏的一个重要指标，"可靠"早已成为人们生产和生活中常用的词汇。伴随复杂大系统的开发，在引入概率论和统计理论基本概念和方法的基础上，可靠性逐渐摆脱只能定性评价的缺陷，使用定量化的指标集从不同的侧面表征产品或系统的可靠性，作为一门独立的学科被系统地加以研究，并得到了广泛的应用。

工程上，可靠性采用产品或系统的完好率或完成工作的概率，用可靠度来表达，如式所示。

$$R(t) = P(T > t)$$

式中，R（t）为产品或系统的可靠度函数，T 为产品或系统的寿命或其能够完成规定功能的时间。

不可否认的是，产品或系统完成规定功能的能力与其工作条件有很大的关系，如绝缘老化 6℃规则表明：变压器绕组温度每增加 6℃，其老化率将增加一倍，相应的，变压器预期寿命将随之下降。1966 年，美国军方标准 MIL-STD-721B——《可靠性维修性术语定义》中，对可靠性做出了经典的定义："产品在规定的条件下和规定的时间内完成规定功能的能力"。因此，完整的可靠度函数如下式所示。

$$R(t) = P(T > t / C)$$

式中，C 为某项或某些规定的条件，如环境条件（天气、温度、气压、灰尘等）、使用条件（是否连续工作、操作者的技术水平等）及维修条件（维护措施、维修周期、维修等级等）。

电力系统的基本"功能"为：向全部用户不间断地供给质量合格的电能。可见，电力系统可靠性与风险研究的实质就是预先考虑各种运行方式出现的概率及其后果，综合做出决策，以充分发挥系统中各个设备的潜力，从而保质保量地满足所有用户的负荷需求。

电力系统工程可靠性的主要工作任务是，累计元件历史运行数据和元件可靠性试验数据，分析元件可靠性模型和参数；基于电力系统可靠性模型和预期负荷变化，解析或模拟获得电力系统在规定时间内的无法完成规定功能的现象，并计算其发生概率和后果，以获取定量的评价指标和标准；在协调可靠性和系统投入的基础上，对电力系统运行与控制进行综合评价和辅助决策；找出限制电力系统可靠性的关键环节，并提出改进和提高可靠性水平的具体措施，组织或协助有关部门加以实现。

电力系统可靠性分析即利用可靠度指标对电力系统在规定时间内和规定条件下，连续不间断地向各个负荷点供应满足规程要求电压质量的电能的能力进行概率分析和评价，并找出影响系统可靠性的关键环节。

电力系统可靠性分析和评价的侧重点不同，所选取的可靠度指标也不尽相同，但均可表达为某个测度函数的期望值，如下式所示。

$$E[f] = \sum_{x \in X} f(x)p(x)$$

式中，x 为电力系统可靠性分析中可能出现的所有场景的集合；$f(x)$ 为场景 x 下的可靠性测度函数；$p(x)$ 为场景 x 发生的概率。

不同的场景对应着不同的元件运行状态及负荷水平，显然，"规定的条件"不同，每个场景对应的 $p(x)$ 也不同，甚至可能为 0。

在系统可靠性分析与风险评估过程中，是否考虑电力系统稳定问题决定了求解 $f(x)$ 需采用的模型和方法，可据此将电力系统可靠性分析与风险评估分为充裕度（adequacy）和安全性（security）两个方面。

充裕度又可称为静态可靠性，是指电力系统维持连续供给用户所需的负荷需求的能力，即当电力系统进入新的场景后，不考虑系统运行状态变化后的暂态过程，仅考虑系统重新到达稳态运行点后，电力系统满足用户负荷需求和电网中各种约束的能力。充裕度主要考察电力系统在各个场景下，是否具备足够多的发电容量以满足用户的需求，以及是否具备足够多的输变电设备以保证电能传输的需要。

Billinton 教授等将概率性和确定性方法相结合，改变了电力系统原有的 2 种状态划分，又根据是否满足 N-1 准则，将电力系统运行状态划分为正常、警戒、风险 3 种状态，并分别对每种状态下的可靠性指标进行统计，提出了可靠性分析的健康度（Well-being）评估，并将其应用于电力系统可靠性分析的若干研究领域。

安全性又可称为动态可靠性，是指电力系统在场景切换后，能否承受该扰动的能力，如突然短路或失去系统元件后，电力系统能否回到原来的运行状态或过渡到一个新的稳定运行状态，并不间断向用户提供电能的能力。

由于充裕度分析只涉及电力系统的稳态计算，分析模型和计算方法均比较成熟，且对计算时间的要求不高，故现有的电力系统可靠性分析与风险评估的研究和应用主要集中在这方面。

随着待分析电力系统中元件数量的增加，系统场景 X 的数量也随之急剧膨胀，受计算工具和计算方法的限制，目前尚很难将整个电力系统统一进行可靠性与风险的计算和分析。根据功能、结构、电压等级等的不同，工程中可将电力系统划分为发电、输电、配电等不同的子系统。各个子系统的接线形式、运行方式、设备冗余、故障损失等均不相同，在对其进行充裕度计算时采用的策略也不同，因此，通常分别对这些子系统进行可靠性分析，并基于此组合出不同的电力系统可靠性分析分层等级。

根据 Billinton 教授的划分原则，单纯的发电系统可靠性分析为分层级别 1（Hierarchical Level Ⅰ），其分析过程中仅考虑发电设备在随机故障的情况下是否可以满足所有用户的负荷需求，并不考虑电网中的功率损耗和输电元件的约束，算法相对简单，但仅能考察各发电设备在满足负荷需求过程中的作用，主要应用于电源备用容量的确定，近年来，随着可再生能源发电的接入，此模型广泛应用于功率间歇性变化对电网可靠性的影响及可再生能源并网裕度的研究；发输电系统可靠性分析为分层级别 2（Hierarchical Level Ⅱ），又称为大电力系统（Bulk power system）可靠性分析，其分析过程中不仅考虑发电设备，还考虑输电设备在随机故障的情况下，电力系统满足各个负荷点功率需求的能力，其计算结果能够反映发电设备的容量和位置、输电元件的结构和约束及发输电设备的运行状态在满足负荷需求过程中的作用，目前仍有大批学者在进行相关模型和算法的研究；完整电力系统可靠性分析为分层级别 3（Hierarchical Level Ⅲ），包含电力系统的发、输、配全体设备和全部过程，是电力系统可靠性分析的终极理想，但目前受制于技术和方法，尚难以实现。

由于配电网元件数量众多，区域性强，常规采用辐射方式运行等特点，配电系统可靠性的分析和计算大都单独进行。近年来，作为可再生电源的接入点，配电系统可靠性的研究常与微网和极端天气联系在一起。

作为电网中的关键枢纽，变电站的可靠性对于整个电网的可靠性具有至关重要的作用。由于除变压器外，厂站接线中其他元件的电气距离较短，截面选择较大，在电力系统分析过程中均被看作是无阻抗元件，只需对其进行连通性判断而生成等值节点，无须直接参与潮流计算，加之厂站内部元件数量有限，接线冗余度较大等特点，对于厂站接线的可靠性一般独立进行研究，得到具有相应概率特性的等值母线模型。进行系统可靠性分析时，一般直接使用该模型，而不再对厂站接线进行展开。

2. 电力系统可靠性与风险计算方法

最初的电力系统可靠性分析基于确定性方法，即针对某几种预想的系统运行方式或事件，通过潮流计算或稳定性分析，明确地获得这些系统运行方式或事件发生后系统的后果，以此来确定电力系统的可靠性。而基于确定性准则的决策目标一般为在这些预想方式下，电力系统不会失效。最著名的确定性准则即 N-1 原则。

显然，确定性的方法无法表达电力系统运行的概率特性，基于此做出的决策正确与否很大程度上取决于预想的场景，或冒进，或保守，更无法将可靠性分析结果转化为经济层面的约束，难以满足电力系统可靠性分析和风险评估的要求。通过引入概率理论，不仅分析各个场景发生后的结果，还要计及各个场景发生的可能性，并取其概率特征——期望来表征系统的可靠性，当场景数量足够多时，即得到如式

$$E[f] = \sum_{x \in X} f(x) p(x)$$

所示电力系统可靠性分析与风险评估的概率方法。由于更加符合电力系统的实际需求，从 20 世纪末开始，概率性方法在电力系统的多个领域得到了广泛的应用。

按照场景产生方式的不同，电力系统可靠性分析与风险评估的概率方法又分为解析法和模拟法。

解析法通过枚举或其他方式获得所有可能的场景，根据各个元件的状态及其概率分布分别得到各个场景 $p(x)$ 的 $f(x)$ 和，并按照式

$$E[f] = \sum_{x \in X} f(x) p(x)$$

直接求解系统的可靠性指标。解析法的数学模型清晰，分析全部的场景后，可得到精确的可靠性指标，但随着系统中元件数量的增加，系统场景数量将呈指数增长，因此，很难直接应用于大电力系统可靠性分析。有文献对解析法进行了改进，并应用于 324 个元件组成的实际大电力系统的可靠性评估中，其实质是忽略了 $p(x)$ 较小的多重故障，达到减小系统场景数量的目的，但恰恰是这些场景对应的 $f(x)$ 较大，显然，如此处理必然会带来计算精度的下降，因此，对于大规模电网的可靠性分析，目前很少采用解析的方法。有文献基于最小割集思想，提出发输电组合电力系统概率密度分布的解析计算方法，但尚处于理论探讨阶段，难于用于工程实际中。此外解析法难以表达时序，无法直接获得平均持续时间和频率类的可靠性指标。因此，解析法常用于系统规模较小，结构较简单的电力系统可靠性分析中。

模拟法，即蒙特卡罗模拟方法，通过随机取样元件状态从而得到系统场景，再通过系统分析计算 $f(x)$。显然，每次得到的系统场景好坏与"运气"有很大关系，但是，当模拟次数足够多时，历次 $f(x)$ 的平均值将趋于其期望值，可以此作为系统可靠性的度量。

模拟法计算电力系统可靠度可统一表达为下式所示的形式。

$$E[f] = \sum_{x \in X} f(x) \cdot \frac{n_x}{n} = \frac{1}{n} \sum_{x=1} f(x)$$

式中，n 为总模拟次数；n_x 为模拟过程中，场景 x 出现的次数。

蒙特卡罗模拟方法的优势在于其计算的精度与系统的规模无直接关联，且其取样过程的数学模型相对简单，$f(x)$ 的求取可直接利用所模拟系统中成熟的模型和算法，容易适应电力系统规模较大、元件众多、控制策略复杂的特点，因此，蒙特卡罗模拟方法在电力

可靠性分析中的应用日益广泛。

蒙特卡罗模拟方法的缺点主要体现在程序的收敛性上，由于计算的误差与 $\sqrt{n}$ 成反比，因此，在追求较高精度的情况下，需要足够多的模拟次数，这意味着对计算资源的巨大需求，即使在计算机技术相对成熟的今天，也会导致计算时间令人难以忍受。

根据是否模拟电力系统运行状态随时间序列的变化，基于蒙特卡罗模拟的电力系统可靠性分析方法又分为序贯蒙特卡罗模拟和非序贯蒙特卡罗模拟。

非序贯蒙特卡罗模拟仅针对电力系统运行的某一特定方式（一般取系统典型运行方式或最大运行方式），通过随机状态取样获取所有元件状态后，进行电力系统分析求取当前的 $f(x)$，最终统计获得所需可靠性指标。次数足够的前提下，非序贯蒙特卡罗模拟可以较为精确地获取概率和期望类的电力系统可靠性指标，但是由于该方法无法处理时序信息和元件的状态转移，所以也无法直接得到平均持续时间和频率类的可靠性指标，只能根据故障元件的概率参数或其他系统可靠性指标间接进行推断，结果的精度有限。

序贯蒙特卡罗模拟为处理时序信息，一般将模拟时段离散化为间隔相等的 m 个时间片断，即由满足条件 $0 < t_1 < t_2 < \cdots < t_m$ 的 m 个时间断面组成时间集 T，并假设系统运行状态的变化均发生在各个时间断面的最后时刻。相应的，电力系统运行场景集合为 $X(t)$，$t \in T$，即电力系统运行方式不再是恒定的，随着时间的变化，系统中各个元件的状态和负荷需求都可能发生变化。因此，必须采用随机状态持续时间取样获得分析时段内所有元件在每个时间片段的状态，并针对每个时间断面的系统运行状态分别求取对应的 $f(x(t))$，最终统计出所需系统可靠性指标，如下式所示。

$$E[f] = \frac{1}{n} \sum_{x=1} \sum_{t=1} f(x(t))$$

显然，序贯蒙特卡罗模拟能够处理负荷的变化和设备的检修安排，精确地分析系统处于各状态的平均持续时间和状态间的转移频率，尤其适用于含有受季节、天气等因素影响显著的可再生能源发电等时变电源及峰谷差异较大的时变负荷的电力系统可靠性评估，可获得更加可信的结果。但是，序贯蒙特卡罗模拟方法的缺点也非常明显，划分的时间片段越多，计算结果越接近真实，但同时，需要分析的场景数据也急剧增加，不仅需要更多的计算资源，而且会使得收敛的速度变得更差。

还有相关研究试图综合非序贯和序贯仿真的优点，首先采用非序贯方法进行抽样，当取样出系统发生事故后，再改为序贯方法，如此即不需要占用较大的计算资源，又可以直接获得平均持续时间和频率类的可靠性指标，被称之为伪序贯蒙特卡罗模拟（Pseudo-sequential Monte Carlo Simulation）。但相关研究目前尚未达到实用化的水平，目前，对于大电网可靠性分析，常用的还是序贯或非序贯的方法。

目前，电网可靠性分析与风险评估的研究基本覆盖了电力系统研究的各个领域，研究的热点大致可分为两类：一是关于模拟方法的研究，目的是为了计算精度或速度的进一步提升，以更好地满足大电网可靠性分析的要求，如改进抽样方法、采用并行计算技术、引入模糊逻辑和人工神经网等；二是涉及风险评估与决策的应用研究，目前已应用于电力系统运行与控制的多个领域。

3. 运行环境下电力系统可靠性研究

运行环境下电力系统可靠性分析与风险评估基于运行环境下的有效信息，包括确定性信息（元件启停、系统运行方式等）与预测性信息（天气预测与负荷预测等），建立元件可靠性模型，并考虑电力系统近期可能的运行状态及随机故障，分析及预测电力系统短期运行的充裕度与安全性。

受计算方法和系统复杂度的影响，电力系统可靠性充裕度分析的计算时间较长，目前主要应用于电力系统规划、设计、检修决策等对时间不是非常敏感的领域，运行环境下电力系统可靠性分析与风险评估的相关研究尚处于起步阶段。

1970 年提出了短期可靠性（Short-term Reliability Evaluation）的概念，定义了短期安全性准则，并利用概率方法对系统未来发展进行了定量化的计算，以用于系统运行控制决策。同样定义了短期可靠性的频率和持续时间指标，利用解析的方法对其进行求解，并将其应用于旋转备用容量的决策中。但其后对运行环境下可靠性研究偏重于安全性指标的计算，进展缓慢。其中将短期安全性指标和经济性进行协调，并将其应用于运行决策支持，重新唤起了人们对运行环境下可靠性评估的重视。

国内许多学者近期在运行环境下的可靠性研究方面做了大量的工作，取得了丰硕的成果。2004 年，我国启动了电力系统第 2 个"973"国家重点基础研究发展计划项目："提高大型互联电网运行可靠性的基础研究"，从整体可靠性的角度，面向电网运行，探索了提高电网安全、稳定的理论、方法和关键技术；张伯明等学者提出了基于可信性理论的电力系统运行风险的概念、理论、方法及工程应用；孙元章、程林等学者于 2005 年提出了运行可靠性的概念在传统电力系统可靠性评估模型与方法的基础上，考虑了实时运行条件的变化对元件可靠性模型和故障后果的影响，经过数年的研究，形成了较为完整的理论和方法，并将其应用于运行环境下的电力系统可靠性分析与运行决策中。

如前所述，电力系统可靠性分析和评价的指标可统一表达为如下式所示。

$$E[f] = \sum_{x \in X} f(x) p(x)$$

所示的形式，用于充裕度评估的测度函数 $f(x)$ 一般与系统失负荷相关，其值取决于电力系统当前的网络结构、运行方式、负荷水平、运行元件的上下限约束等，需要在电网的上述限制确定后，借助于电力系统传统的分析方法和手段，如拓扑分析、潮流计算、最优潮流等，计算后获得；而若每种元件只有 2 种运行状态：正常或故障，则场景 x 发生概率 $p(x)$ 的解析表达如下式所示。

$$p(x) = \prod_{i \in R_x} p_i \prod_{j \in U_x} (1 - p_j) = \prod_{i \in R_x} P_i \prod_{j \in U_x} q_j$$

式中，R_x 为场景 x 下正常运行的元件集合；U_x 为场景 x 下发生故障的元件集合；$X = R_x \cup U_x$；p 为各元件的有效度；q 为各元件的无效度，即故障概率。

传统的可靠性分析与风险评估中，分析的时间区间较长，因此，各元件的 p 和 q 通常基于长期统计得到的平均模型，且除老化模型外，一般都认为各元件处于偶然失效期（其浴盆曲线的底部），其故障率为定值，元件寿命服从指数分布。

运行环境下进行可靠性分析时，由于分析的时间区间较短，在分析时段内，可近似认为各元件的故障率又保持不变，但是，系统当前的环境条件（温度、天气情况）、运行条件（电压、载荷、频率）、元件的运行状态等都会对 λ 产生各种各样的影响。传统可靠性分析中，这些影响因素都是时变的，在元件故障率模型中被处理为随机干扰，研究时段较长时，不会对结果带来太大的误差；但在运行环境下可靠性分析中，较短的分析时段内这些影响因素可近似认为是不变的，即在整个分析时间区间内，这些影响因素对元件故障率的影响都是恒定、同向的，显然，此时再采用传统可靠性分析中的元件故障率模型，必将给计算结果带来较大的误差，正确的做法是将元件故障率模型表达为某些确定影响因素下的条件概率，而非基于全部历史统计数据的平均值。

目前的研究大多基于历史数据统计分析或电气模型理论推导，获得各影响因素变化对与元件可靠性模型的影响。对比了 20 多年来 Alberta 电力公司的输电线路故障数据和天气信息，并基于此建立了输电线路的可靠性模型，统计结果表明，极端天气情况下发生的故障大约占到了故障总数的 33%，而极端天气在时间上所占的比重要远远小于这个值，显然，极端天气情况下输电线路的故障率更大。基于马尔可夫过程建立了计及天气变化的元件可靠性模型，并将其用于大电网可靠性分析。建立了考虑 2 种天气状态时的可靠性分析数学模型，并对恶劣天气占不同比例时可靠性指标的误差进行了分析，结果表明系统可靠性指标受恶劣天气的影响极大。建立了基于支持向量机的天气预测模型，以反映温度、风速、天气状况、元件服役时间、负荷水平等环境条件的影响，并将其应用于电力系统运行可靠性的评估，实现了系统薄弱环节的定位。

分析了线路潮流、母线电压、系统频率等运行条件的变化对元件故障概率的影响，基于此建立了元件可靠性模型，并将其应用于简单电力系统的运行可靠性评估。此后的一系列文章继续就此问题进一步进行探讨，建立了考虑历史及未来的天气状况、环境温度、风速、风向、日照热量、负荷水平、服役时间等运行环境对电网元件短期可靠性影响的可靠性模型，并提出了一套运行可靠性在线短期评估方案，给出了指标体系、评估算法和系统框架。基于支持向量机和灰色预测技术，根据元件在网运行时间、输电线路所在区域的污秽等级和落雷密度，提出了输电线路的运行可靠性预测模型。

（二）厂站接线可靠性分析与评价

发电厂和变电站（后文简称厂站）的主接线是汇集与分配电能的枢纽，是决定电网结构的重要组成部分。厂站接线的可靠性与风险水平直接关联电网运行的性能。由此，对厂站接线的可靠性指标及其元件重要性进行定量分析与评价是电网运行、检修等调度与控制策略制定的基础。

厂站接线可靠性与风险的定量化研究可追溯至 20 世纪 70 年代，至今已形成较为成熟的分析方法，如解析法和模拟法。

为保证可靠性水平，厂站接线往往采用有备用的接线方式。出现元件故障必然引起开关设备的一系列操作，以最小范围切除故障及尽可能地恢复供电，由此也增加了厂站接线可靠性分析的难度。

典型双母线带旁路主接线图，设当前运行方式为：进出线 L1、L3、L4 运行于母线 W1 上，进出线 L2、L5、L6 运行于母线 W2 上，且母联断路器 B5 闭合。

假设模拟过程中取样出现断路器 B3 故障，在不考虑开关操作前提下，其结果是 L3 退出运行。

而实际中，B3 发生故障，断路器 B1，B5 会执行开断操作，此时，L3 和 L4 均退出运行；若因保护失灵或断路器拒动等原因，B5 未能开断，则后备保护会开断其上一级断路器 B2，显然将扩大故障影响的范围，L3、L4、L5、L6 均退出运行。

故障切除后，可开断 B3 两侧隔离开关 D5 和 D17，进而利用旁路断路器 B8 代替 B3 工作，实现故障恢复，此时，所有进出线均恢复运行。

可见，进行厂站接线可靠性分析时，模拟出元件故障后，故障后果的判定与开关操作逻辑密切相关，应该对此深入研究。

目前对厂站接线可靠性的研究方法是在传统元件 3 状态模型基础上，针对需要计及的事件或操作，增加相应的元件状态，以分析其对接线可靠性与风险的影响。这样做的不足在于：每一新的状态只能对应一个事件或操作的后果，考虑的事件或操作越多，元件模型就越复杂，如针对不同事件组合，由 n+2 状态模型引申出 8 种不同的模型，就此精确解析各个场景下的操作及其后果，也仅仅覆盖 2 个元件同时退出的情况。为加快求解速度，上述研究一般都依据关注的重点，有针对性地对模型进行简化，进而又导致可靠性分析精度的下降。同时，在目前的研究中，往往假设各元件状态的变化是独立的，这又不符合实际，因一个元件发生故障，其他开关元件将相应执行一系列操作，涉及的开关元件及其操作顺序取决于故障元件及当前接线运行方式，目标是使故障影响范围最小。

可见，厂站接线可靠性分析在解的精度和速度上依然存在冲突，在符合实际上依然还有空间可寻。对此，本章以模拟法为基础，将取样出故障后的开关操作分为故障切除和故障恢复两个阶段，基于拓扑分析理论，实现两个阶段的衔接与协调，避免元件复杂模型的出现，使得厂站接线可靠性计算结果进一步贴近实际。同时，针对传统灵敏度方法分析元件重要性没有考虑元件本身可靠度的影响，对元件重要性模型进行了分析和改进，使之更加符合工程实际的需要。

1. 元件状态模型

厂站接线中的元件可分为两类：即开关和母线。其中开关又可细分为断路器和隔离开关。其他如互感器等元件，一般都将其故障概率累加到这两类元件上。

对断路器，不考虑计划检修的前提下，其可能运行于闭合和开断状态，闭合状态下，可能由于各种原因发生随机故障；执行开关操作过程中，可能因为保护失灵或拒动造成操作失败，转入故障状态；故障修复后，根据需要，可通过相关操作，由开断状态转入闭合状态。

对隔离开关，因其操作是在等电位前提下进行，不再考虑其操作过程中的故障。

对母线，采用2状态模型，仅计及其运行中发生的故障。

2. 故障切除与恢复的逻辑分析

（1）厂站接线拓扑模型与分析方法

模拟过程中，元件出现故障后的开关操作可能改变受故障影响的范围。基于拓扑分析，实现故障切除和故障恢复的衔接与协调，可使得到的故障影响范围贴近实际。

拓扑分析的主要目的是根据开关元件的状态来归并逻辑节点联通性。

在厂站接线拓扑分析中，将母线和电气连接点映射为顶点 V，闭合的开关映射为边 E，即可得到厂站接线所对应的图 G（V，E），其邻接矩阵 A 定义为一个 n 阶方阵，各元素为：

$$a_{ij} = \begin{cases} 1, 节点i、j间有边直接相连 \\ 0 节点i、j间无边直接相连 \end{cases}$$

A 为布尔代数矩阵，其逻辑与，或、非运算定义为：

$$A \& B = [(a_{jk} \& b_{jk})]$$

$$A \mid B = [(a_{jk} \mid b_{jk})]$$

$$\overline{A} = [\overline{a_{jk}}]$$

式中，j=1，2···n，k=1，2···n，

$$a_1 \& a_2 = \min\{a_1, a_2\}$$

$$a_1 \mid a_2 = \max\{a_1, a_2\}$$

将改进高斯消元法用于电网拓扑分析，通过对邻接矩阵 A 进行消去、前代、回代，快速获得 G 中元件的连通性，每一个连通片称其为一子系统，有：

$$U = Topo(A)$$

式中，U 为 m×n 阶矩阵，m 为子系统数，

$$u_{ij} \begin{cases} 1, & \text{节点j在子系统i中} \\ 0, & \text{节点j不在子系统i中} \end{cases}$$

（2）故障切除的逻辑分析

定义厂站接线中由断路器边构成的单属性 G^B 图的邻接矩阵 A^B 为一个 n 阶方针，各元素为：

$$a_{ij}^B = \begin{cases} 1, & \text{节点i，j间为断路器} \\ 0, & \text{节点i，j间无断路器} \end{cases}$$

定义厂站接线中由故障边构成的单属性图 G^F 的邻接矩阵 A^F 为一个 n 阶方针，各元素为：

$$a_{ij}^F = \begin{cases} 1, & \text{节点i、j间元件故障} \\ 0, & \text{节点i、j间无故障或无边} \end{cases}$$

则顶点邻接故障矩阵 C 各元素为：

$$c_i = a_{1i}^F \mid a_{2i}^F \mid \cdots \mid a_{ni}^F$$

故障切除逻辑分析过程如下：

1）分析非故障断路器全开断时的拓扑；

$$U' = Topo(A \& (\overline{A^B \& \overline{A^F}}))$$

2）将矩阵 U' 分解为 2 个矩阵 U_1' 和 U_2'，其中 U_1' 中行向量 U_{1i}' 满足：

$$\sum_{j=1}^{n} u_{1ij}' \& c_j > 0$$

U_2' 中行向量 U_{2i}' 满足：

$$\sum_{j=1}^{n} u_{2ij}' \& c_j = 0$$

显然，U_1' 和 U_2' 分别为 $m_1 \times n$ 阶矩阵和 $m_2 \times n$ 阶矩阵，且 $m_1 + m_2 = m$；

3）获得故障切除必须开断的断路器

$$A_1^n = (U_{11}^{mT} U_{11}^T) \mid (U_{12}^{mT} U_{12}^T) \mid \cdots \mid (U_{1m_1}^{mT} U_{1m_1}^T)$$

$$A_2^n = U_{21}^m + U_{22}^m + \cdots U_{2m_2}^m$$

$$A^m = A_1^n \mid (A_2^{nT} A_2^n) \mid \overline{A^S}$$

$a_{ij}'' = 1(i < j)$ 即为故障恢复必须开断的开关边；

由于故障恢复过程主要为隔离开关操作，且大都在不带电情况下，故不再考虑其操作失败。

4）分析故障恢复后的拓扑连接。

$$U'''' = Topo(A \& A^m)$$

4．厂站接线可靠性分析

1．分析算法

相对而言，厂站接线中各元件阻抗很小，在分析中视为无阻抗元件，具体分析算法的过程如下：

1）初始化运行状态 X；

$$X = \{x_1, x_2, \cdots, x_i, \cdots x_m\}$$

式中：x_i 为第 i 个元件的状态，其值为：

$$x_i \begin{cases} 1, 运行状态 \\ 0, \quad 故障状态 \\ -1, \quad 停运状态 \end{cases}$$

设初始状态无故障元件，$x_1 = x_2 = \cdots = x_i = 1, x_{i+1} = x_{i+2} = x_m = -1$。

2）取样 $x_1, x_2 \cdots x_i$ 的运行状态，生成状态样本 S_k；

$$x_i = \begin{cases} 1, \xi \geq q_i \\ 0, q_i > \xi \end{cases}$$

式中：q_i 为元件 i 给定的不可靠度；

3）若 $x_1, x_2 \cdots x_i$ 等元件状态均为 1，则转 6），否则转 4）；

4）置 $x_{i+1} = x_{i+2} = x_m = 0$，生成邻接矩阵 A，进行故障切除逻辑分析，记录状态样本 S_k 下因故障切除而无法满足运行的功率缺额 p_{ak}；

$$p_{ak} = \sum_{i=1}^{v_k} P_{aki}$$

式中，v_k 为 U'' 的行数；

$$P_{aki} \begin{cases} \sum_{j \in N_{ai}} PD_j - \sum_{j \in N_{ai}} PG_j, \sum_{j \in N_{ai}} PD_j > \sum_{j \in N_{ai}} PG_j, \\ 0, \sum_{j \in N_{ai}} PD_j \leq \sum_{j \in N_{ai}} PG_j \end{cases}$$

式中，N_{ai} 为 U_k'' 第 i 个行向量中，值为 1 的节点集合，PG 为节点输入功率，PD 为节点输出功率。

5）置 $x_{i+1} = x_{i+2} = x_m = 1$，生成邻接矩阵 A，进行故障恢复逻辑分析；

记录状态样本 S_k 下故障恢复后无法满足运行的功率缺额 p_{bk}；

$$p_{bk} = \sum_{i=1}^{w_k} p_{bki}$$

式中，W_k 为 U'''' 的行数；

$$P_{bki} \begin{cases} \sum_{j \in N_{bi}} PD_j - \sum_{j \in N_{bi}} PG_j, & \sum_{j \in N_{bi}} PD_j > \sum_{j \in N_{bi}} PG_j, \\ 0, & \sum_{j \in N_{bi}} PD_j \leqslant \sum_{j \in N_{bi}} PG_j \end{cases}$$

式中，N_{bi} 为第 i 个行向量中，值为 1 的节点集合。

6）若没有达到指定模拟次数或误差精度要求，转 1），否则转 7）

7）统计可靠性测度指标，计算结束。

上述分析结束后，p_{ak} 和 p_{bk} 显然是不同的。一般故障切除到恢复的时间很短，可略去这段时间内无法满足的功率需求。即若 $p_{ak} > 0$，只需计停电一次；仅以 p_{bk} 来计算最终受影响的负荷数量。

（2）可靠性指标

厂站接线可靠性的充裕度评价主要关心厂站接线分配负荷需求的能力。传统的充裕度指标包括以下 4 类：期望值、概率、频率和持续时间。此处基于非序贯模拟方法，选取以下指标来衡量厂站接线的可靠性水平：

1）电量不足期望 EENS（Expected Energy Not Supplied）

$$EENS = \frac{\sum_{k=1}^{n}(P_{bk} \cdot t_k)}{n}$$

式中，n 为总状态样本数；

$$t_k = \max\{t_{k1}, t_{k2} \cdots t_{kl}\}$$

式中，t_{k1} 为状态样本 S_k 下故障设备 1 的修复时间。

2）电力不足时间概率 LOLP（Lost of Load Probability）

$$LOLP = \frac{\sum_{k=1}^{n} T_k}{n}$$

式中，$T_k \begin{cases} 1, P_{ak} > 0 \vee P_{ak} > 0 \\ 0, P_{ak} \leqslant 0 \wedge P_{ak} \leqslant 0 \end{cases}$

3）电力不足期望 ELOL（Expected Loss of Load）

$$ELOL = \frac{\sum\limits_{k=1}^{n} P_{ak}}{n}$$

由于 EENS 仅能反映最终无法满足的负荷量，LOLP 只能反映停电的概率，LOLP 的大小会受到运行元件数量的影响。仅由这 2 个指标不能非常全面地反映厂站接线的可靠性水平，为此，此处又选择了 ELOL，以反映故障后停电的影响范围。

四、电力系统自动化智能技术在电力系统中的运用

1. 模糊控制理论的应用

模糊方法使控制十分简单而易于掌握，所以在家用电器中也显示出优越性。建立模型来实现控制是现代比较先进的方法，但建立常规的数学模型，有时十分困难，而建立模糊关系模型十分简易，实践证明它有巨大的优越性。模糊控制理论的应用非常广泛。例如我们日常所用的电热炉、电风扇等电器。这里介绍斯洛文尼亚学者用模糊逻辑控制器改进常规恒温器的例子。电热炉一般用恒温器（thermostat）来保持几挡温度，以供烹饪者选用，如 60，80，100，140℃。斯洛文尼亚现有的恒温器在 100℃以下的灵敏度为 ±7℃，即控制器对 ±7℃以内的温度变化不反应；在 100℃以上，灵敏度为 ±15℃。因此在实际应用中，有两个问题：一是冷态启动时有一个越过恒温值的跃升现象；二是在恒温应用中有围绕恒温摆动振荡的问题。改用模糊控制器后，这些现象基本上都没有了。模糊控制的方法很简单，输入量为温度及温度变化两个语言变量。每个语言的论域用 5 组语言变量互相跨接来描述。因此输出量可以用一张二维的查询表来表示，即 5×5=25 条规则，每条规则为一个输出量，即控制量。应用这样一个简单的模糊控制器后，冷态加热时跃升超过恒温值的现象消失了，热态中围绕恒温值的摆动也没有了，还得到了节电的效果。在热态控制保持 100℃的情况下，33min 内，若用恒温器则耗电 0.1530kW·h，若用模糊逻辑控制，则耗电 0.1285kW·h，节电约 16.3%，是一个不小的数目。在冷态加热情况下，若用恒温器加热，则能很快到达 100℃，只耗电 0.2144kW·h，若用模糊逻辑控制，达到 100℃时需耗电 0.2425kW·h。但恒温器振荡稳定到 100℃的过程，耗电 0.1719kW·h，而模糊逻辑控制略有微小的摆动，达到稳定值只耗电 0.083kW·h。总计达 100℃恒温的耗电量，恒温器需用 0.3863kW·h，模糊逻辑控制需用 0.3555kW·h，节电约 15.7%。

2. 神经网络的硬件实现问题

人工神经网络从 1943 年出现，经历了六七十年代的研究低潮发展到现在，在模型结构、学习算法等方面取得了大量的研究成果。神经网络之所以受到人们的普遍关注，是由于它具有本质的非线性特性、并行处理能力、强鲁棒性以及自组织自学习的能力。神经网络是由大量简单的神经元以一定的方式连接而成的。神经网络将大量的信息隐含在其连接权值

上，根据一定的学习算法调节权值，使神经网络实现从 m 维空间到 n 维空间复杂的非线性映射。目前神经网络理论研究主要集中在神经网络模型及结构的研究、神经网络学习算法的研究、神经网络的硬件实现问题等。

3. 专家系统控制

专家系统在电力系统中的应用范围很广，包括对电力系统处于警告状态或紧急状态的辨识，提供紧急处理，系统恢复控制，非常慢的状态转换分析，切负荷，系统规划，电压无功控制，故障点的隔离，配电系统自动化，调度员培训，电力系统的短期负荷预报，静态与动态安全分析，以及先进的人机接口等方面。虽然专家系统在电力系统中得到了广泛的应用，但仍存在一定的局限性，如难以模仿电力专家的创造性；只采用了浅层知识而缺乏功能理解的深层适应；缺乏有效的学习机构，对付新情况的能力有限；知识库的验证困难；对复杂的问题缺少好的分析和组织工具等。因此，在开发专家系统方面应注意专家系统的代价/效益分析方法问题，专家系统软件的有效性和试验问题，知识获取问题，专家系统与其他常规计算工具相结合等问题。

4. 线性最优控制

最优控制是现代控制理论的一个重要组成部分，也是将最优化理论用于控制问题的一种体现。线性最优控制是目前诸多现代控制理论中应用最多，最成熟的一个分支。卢强等人提出了利用最优励磁控制手段提高远距离输电线路输电能力和改善动态品质的问题，取得了一系列重要的研究成果。该研究指出了在大型机组方面应直接利用最优励磁控制方式代替古典励磁方式。目前最优励磁控制的控制效果。另外，最优控制理论在水轮发电机制动电阻的最优时间控制方面也获得了成功的应用。电力系统线性最优控制器目前已在电力生产中获得了广泛的应用，发挥着重要的作用。但应当指出，由于这种控制器是针对电力系统的局部线性化模型来设计的，在强非线性的电力系统中对大干扰的控制效果不理想。

5. 综合智能系统

综合智能控制一方面包含了智能控制与现代控制方法的结合，如模糊变结构控制，自适应或自组织模糊控制，自适应神经网络控制，神经网络变结构控制等。另一方面包含了各种智能控制方法之间的交叉结合，对电力系统这样一个复杂的大系统来讲，综合智能控制更有巨大的应用潜力。现在，在电力系统中研究得较多的有神经网络与专家系统的结合，专家系统与模糊控制的结合，神经网络与模糊控制的结合，神经网络、模糊控制与自适应控制的结合等方面。神经网络适合于处理非结构化信息，而模糊系统对处理结构化的知识更有效。因此，模糊逻辑和人工神经网络的结合有良好的技术基础。这两种技术从不同角度服务于智能系统，人工神经网络主要应用在低层的计算方法上，模糊逻辑则用以处理非统计性的不确定性问题，是高层次（语义层或语言层）的推理，这两种技术正好起互补作用。神经网络把感知器送来的大量数据进行安排和解释，而模糊逻辑则提供应用和挖掘潜力的框架。因此将二者结合起来的研究成果较多。

除了上述方法，在电力系统中还应用了自适应控制、变结构控制、H∞鲁棒控制、微分几何控制等其他方法。总之，智能技术的广泛运用推动了电力系统的自动化进程。我们相信随着人们对各种智能控制理论研究的进一步深入，它们之间的联系也会更加紧密，相信利用各自优势而组成的综合智能控制系统会对电力系统起到更加重要的作用。

第二节　发电系统

一、发电能源简介

（一）火力发电

1. 火力发电技术概述

（1）我国火力发电的现状分析

1）以煤电为主的电力结构

目前随着日常生活中电力能源发挥的重要作用，已经成为生活中不可缺少的一部分。而对于我国北方大部分地方来说，电力供给的主要来源就是火力发电。而传统的火力发电技术主要是通过燃烧煤炭来转换电能。随着可持续发展战略的提出，目前对于清洁能源的开发利用已经逐步取得成效，尤其是对于火力发电来说，因为其通过牺牲不可再生能源来进行发电，必然会造成能源的紧缺，其次还会造成对大气环境的污染。虽然我国煤炭资源较为丰富，但是对于这种不可短时间内再生能源的使用还需节制。利用清洁能源进行发电是将来社会发展的一个趋势，所以我们必须要重视。

2）适合国情的火力发电

因为我国北方水资源较为稀少，因此长期以火力发电为主，这样不仅会浪费大量的煤炭资源，还会给自然环境释放大量的二氧化碳气体，从而对大气层产生严重的破坏。此外，由于电能自身不能够储存，所以，在进行火力发电时对于能源转换的量要进行相应的控制。因此，对于火力发电过程中遇到的各种情况也较为复杂，不仅要控制能源消耗问题，还需要解决环境污染问题，因此我们必须要转变传统的思想观念，通过技术创新来实现一个符合我国国情的持续发展火力发电结构。随着环境污染的日益严重，必须要在不减少经济增长的前提下，降低火力发电的能源消耗，并且优化煤电之间的关系，增加发电的效率。此外，通过对火力发电技术进行不断地创新，对于传统火力发电技术进行更新换代，以最小的资源消耗，争取换来最大的电能转换，从而为我国社会发展提供有力支持。

（2）火力发电清洁能源的分析

1）清洁能源的结构性分析

面对目前严重的社会能源危机，全世界都在开始研究清洁型能源的开发与利用。而我国在传统的火力发电中的能源消耗结构也需要进行改变，从而保证社会经济的发展稳定。随着国家环保部门对排放标准的一再提升，很多资源消耗严重及污染较大的企业都需要进行转型，依靠自身区域优势进行能源减排，将传统煤炭、石油能源利用结构，慢慢地向风能与天然气等清洁型能源发生转变，从而有效的解决当前火力发电中能源消耗过度及环境污染等问题。例如，我国将核能作为今后能源的主要来源，并且通过不懈努力的研究，已经能够安全地使用核能进行发电。虽然这种能源使用成本较低，又比较环保。但是，其安全问题一直是研究人员头疼的问题。只有将核能发电技术真正的安全问题进行解决，才能够广泛地应用于民用发电领域。其次，像天然气等清洁能源的使用率如何进行提高，并且相应的电能转换效率进行增加，以便能够达到目前电力需求的状态。根据这些问题看出，我国对于清洁型能源的使用还是存在很多的问题。

2）风力与火力发电的协调

风力发电虽然比较环保，并且风能是取之不尽用之不竭的，在发电领域拥有广阔的前景。可是单纯的风力发电不能够满足瞬时大量的电力需要，其稳定性与火力发电不能相比。并且，我们从经济投入的角度来分析，如果仅使用单独的风力发电模式，那么将会存在严重的电力能源供应问题。而如何将风力发电与火力发电进行结合，既能够使用风能自身的清洁、无污染的特性，还能够减少单纯火力发电对社会环境的危害，此外还能够避免单纯风力发电对电力供应不稳定的情况发生。所以，要通过不断地创新摸索，综合分析风力发电与火力发电的不同，选择一种经济投入较为合适的风电机组与火力发电进行配合，然后将两组发电体系进行整合，从而在日常电力供应需求不大时，只通过风能发电进行供应，而到了用电高峰时段，再将风电机组与火力发电进行同时供电，从而达到降低能源消耗，减少污染的目的。

（3）洁净煤火力发电技术

1）燃料电池

燃料电池作为目前世界上关注度比较高的一种新型清洁能源，其主要的发电原理是通过燃料与空气接触产生的氧化反应，这种直接通过化学反应将热能与电能进行产出的方法不仅简单，并且产生来源也是非常方便。目前，大多数火力发电企业在燃料电池的应用上，主要是以 MCFC 和 SOFC 两种。其中 SOFC 是固体氧化物燃料电池，主要是以固态氧化钇、氧化锆为电解质，然后以天然气、碳氢化合物作为主要燃料进行转换，这种燃料电池的输出电能效率非常高。

对于燃料电池来说，其主要具备以下一些优点：首先，燃料电池能够提高发电率，通过使用燃料电池能够将传统的火力发电厂的电能转换效率提高近 20%。其次，保证了转换电能的稳定性，随着日常生活中人们对于电能需求的不断增加，很容易出现一些限电问题，并且受到自然灾害的影响，电力供应容易出现紧缺。而通过采用燃料电池技术，能够有效地弥补电网供应不足的问题，大大降低了由于停电造成的各种问题发生的概率。此外，这种燃料电池还能够方便携带，在抗震救灾，野外救援时很好地提高电力支持。

2）煤炭加工

上面所说的燃料电池主要是依靠化学反应，而对于媒体加工技术来说，其主要是以一种物理方法进行。首先，对媒体进行洗选，这样能够有效地降低煤炭自身的灰分，从而减少了煤炭燃烧时产生的二氧化硫，这种洗煤技术是目前国内应用较为广泛的一种技术。但是这种对煤炭的洗选操作对于煤炭浪费十分严重。因此还需要对其进行不断的优化改进，而对于煤炭的集中配送技术来说，其通过将煤炭资源进行综合加工，并以一种产品市场定位及配送方式相结合，然后利用现代化信息管理技术，对于各种用户的煤炭需求进行分析，从而将煤炭进行深度加工，从而建设对环境的污染，提高煤炭资源的利用。

3）烟气净化

煤炭加工技术中，对于烟气净化的应用较为常见，其中包括了煤炭除尘、重金属脱离、煤炭脱硫等技术。下面我们对活性焦干法烟气净化技术进行详细的分析。首先这种烟气净化技术可以有效地降低煤炭在燃烧过程中污染物的排放量，从而降低环境的污染。其主要是利用活性焦在物理结构上的独特构造，以及化学稳定性和化学特性对煤炭的氮氧化物进行吸附，最终将二氧化硫进行析出。此外，这种方法的自身物理构造能够使煤炭中的一些重金属离子析出，从而大大提高了二氧化硫等一些有害物质的去除效率。并且这种活性炭技术在进行处理过程中不会造成水资源的浪费，并且特别适合水资源受到一定污染的煤炭产地。此外，对于这种技术脱出的硫化物还可以被二次利用，拥有一些钢厂的酸洗操作，从而增加了额外的经济收入。

4）煤炭转化

对于煤体加工来说，应用化学原料的除了燃料电池外，还有一项技术应用了化学原理，那就是煤炭转化。不同于物理加工方式，煤炭转化主要是指将原煤炭通过有机质、气化剂等进行一定的化学反应，从而产生为可燃性气体。将煤炭进行气化后，在排查原煤中的污染气体，利用高压蒸汽的驱动，紧张蒸汽轮机的发电，这样不仅能够提高发电的效率，还能够有效地减少污染物的排放，达到环保的目的。此外，处理煤体气化转变，常见的煤炭转化还要煤炭液化等。

（4）天然气发电技术

未来进一步加强火力发电技术结构的优化，目前对于天然气发电技术的研究不断加强，为了能够适应天然气发电技术的需要，我国相继引入了 F 级、E 级燃气轮机制造技术，并且已经具备了相应的制造能力，掌握了燃气轮机发电的相关技术。目前燃气轮机的联合循环效率最高可达 61%，大大地提高了天然气能源的利用率。可是，这些成果的取得，都是在投入大量的精力、物力、财力才得到的，因为燃气轮机的核心技术还被西方国家垄断，一些设备的维修还需要依赖外国技术。这样就造成了一些大型燃气轮机都需要以进口为主，严重地制约了我国的经济发展。

天然气的发电技术除了燃气轮机发电以外，还有一种是通过分布式发电技术，这种以天然气为原料进行燃气轮机的驱动，然后在产生电力的同时，燃气轮机内部的余热被回收设备进行回收，然后再向一些需要进行供热、供冷的用户进行提供。从而大大地增加了能源的利用率，使得天然气的使用效率得到提升。与传统的集中式能源供给形式相比，这种新型的天然气分布式发电技术，不仅自身安全性大大提高，并且天然气的利用效率显著提高，给电力企业创造了更多的收益。此外，这种技术还比传统集中式能源供给降低了对大气环境的污染，因此值得推广。

（5）火力发电中清洁高效的能源结构分析

随着我国社会发展速度不断加快，对于火力发电的形式也从传统单一的结构形式，开始向多元化方向发展。除了上述几种利用清洁能源发电技术外，为了能够应对越来越紧张的能源危机，火力发电技术中应用清洁高效能源结构还需要不断地进行改善，从而引入更多的清洁能源进行火力发电。从目前我国火力发电中相关清洁能源结构的具体情况上看，整个火力发电过程中应用石油能源占据的比例不断降低，这是受到国家石油能源波动的影响造成的，所以必须要不断地提高新型能源火力发电技术的应用，从而更好地解决这种石油能源供应危机。

而作为我国目前新型清洁能源的主要产品，天然气将会是我国日后火力发电技术革新的主要能源，其自身因为具有发热量高、易燃烧等状态，可以在燃烧过程中提供大量的热能，并且其不会排放出对环境有害的气体。因此，在今后的清洁能源中，天然气能源将会是未来几十年内清洁高效的火力发电技术运用最为广泛的能源之一。

针对目前世界上能源的使用来看，核能是这些能源中最为先进和环保的能源，通过掌握核聚变来替代传统的能源消耗，是我们日后发展的方向和趋势。随着对核能研究的不断深入，全球范围内的核电站的建设数量不断增加，使得电力资源的供应得到缓解。可是，核能的安全问题一直是各个国家最为看重的事情，如何将核能安全的问题进行解决，从而使其成为代替传统石油能源的最佳能源，将会是今后的研究重点。相信随着科学技术的不断发展，这些问题将会得到解决，从而使其在发电技术上的作用也将大大增加。此外，因为水资源的可再生特点，水力发电一直是我国提倡的新能源建设目标之一，充分地利用好国内水资源来进行水力发电，将会是目前解决火力发电难题的有效手段。同时对于地热能、风能、太阳能等新能源的研究，也需要逐渐地加大研究程度，不断地将其进行开发利用，促使火力发电能源结构发生了巨大改变。而针对当前的火力发电技术，需要我们在运用过程中从本地实际状况出发，注意在火力发电时的节能控制，减少资源的浪费，并达到对环境污染降低的目标。

2. 改进火力发电的技术

（1）火力发电技术存在的弊端有以下几方面：

1）锅炉排出的烟气造成的污染，煤炭在锅炉内部进行燃烧会产生 SO_2、NOX 等的气体，大量地进行煤炭燃烧而不控制，对我们的环境造成了很大的污染，而且还会造成酸雨。这样的情况下，我们的环境就被大大地破坏了，我们必须要进行相关的措施来控制烟气所给我们环境造成的污染。

2）外部粉尘污染，煤炭在外部有很多的粉末在空气中，给工作人员的呼吸造成了很大的危害，不利于人们的正常生活，而且也破坏了大自然动物和植物的生存生长环境，阻碍了动植物的正常生长。这样下来，将会破坏我们的生态平衡，而且在火力发电厂的周围，也将会没有生机的现象。

3）在火力发电当中，我们采用的是水来进行冷却处理。所以说每天每个发电厂都会产生大量的水污染。而我们对这些水污染不进行制止的话，将会更严重的破坏到我们的大自然环境。水污染不只是我们在火力发电厂当中所造成的，如果说任何一个部门都不进行水污染的控制的话，那么，水污染将会越来越泛滥。所以我们要采取相关的措施进行水污染的控制。

（2）火力发电的技术改进与研究

在火力发电厂当中，火力发电，是我们应用最广的一种发电方式，但是火力发电给我们的环境造成了很大的污染。不仅破坏了我们的生态平衡，而且给我们人类的正常生活也带来了很大的困扰，这种问题，我们必须要加以控制，所以我们要对这种现象进行制止，控制。而我们要能够做到这些，就必须对火力发电的技术进行改进。我们将从以下几方面来进行火力发电技术的改进：

1）整个发电系统的统一，在我们国家火力发电，采用的是电气系统来控制，所以我们一定要将电气化自动技术与火力发电厂其他设备共同运行。我们这样做对我们火力发电系统的消耗将会大大降低，而且工作效率也将大幅度的提升，所有的系统都能统一的运行起来，我们火力发电厂就能达到一个最优的状态进行发电。只有这样做我们才能够保证我们火力发电厂对火力发电到一切得到保障，不会影响我们的社会环境等，只有将火力发电厂所有的工作系统都统一起来，发电厂的工作将会更加的高效，为我们也提供了很大的方便。

2）自动化检测设备的实现，我们国家发电厂进行发电系统控制是在发电厂内部进行，但是火力发电厂的控制并不是很完善，他存在很大的弊端，所以我们在现在的社会当中，我们要运用应有的技术，在运用自动化控制技术，我们还要实现自动化检测装置的安装，通过计算机自动化技术来进行检测，在进行相关的控制，这样就对我们火力发电厂任何工作都会起到一定的监控保护作用，当故障发生的时候我们能够及时地知道。避免安全事故的发生也跟它的程度上降低了火力发电厂的损失，给我们国家的经济损失也得到了保障。

3）接下来就是对火力发电厂工作人员的行为的规范，在火力发电厂系统中，我们已经采用了相关的技术相关的规定，这些相关的系统统一已经能够完成人能所能完成的工作，对机器，对发电厂设备合理有效的进行监测控制。但是工作人员还是不可缺少的。工作人员是具有极高的灵活性的，在遇到一切的突发情况的时候，我们人的反应速度，还有就是处理突发情况的能力是超越了火力发电厂设备以及其他的一些辅助检测设备。所以，对于我们的人来说，有很强的主动性和灵活性，离开我们工作人员我们火力发电厂的正常进行，将会受到阻碍。

4）这一部分也是非常重要的一部分就是对火力发电厂能源消耗的控制。在火力发电厂当中，我们的煤炭作为主要的资源，它的消耗是非常大的，对我们大自然的环境对我们人类还有动植物，都造成了很大的问题，还有就是水污染的问题。粉尘污染在空气当中给我们造成了很大的困扰，人们呼吸困难，动植物生存困难。对于这些问题，我们要进行相关的规定。还有就是设备的安装与维护，保证这些污染能够切实的得到控制，减少。这才是我们进行火力发电厂，火力发电技术改进的最大目的。

5）火力发电技术的厂在我国利用各种技术来进行创新，提高火力发电的效率，我们除了要对上述的一些问题进行控制，还要进行脱硫脱硝技术的控制与创新，或者我们可以改进火力发电技术的能源问题。火力发电厂当中进行火力发电它所运用的冷却液是用水来作为冷却介质，将会给我国的水资源造成很大的浪费和污染，对此，我们可以改进冷却介质，比如可以改用空气作为冷却介质。

3. 电气自动化技术在火力发电中的创新与应用

（1）电气自动化技术在火力发电中的运用现状

在火力发电中，应用电气自动化技术将能够通过网络系统对发电情况进行自动检测，及时发现系统存在的隐患，对其进行应急处理。虽然电气自动化技术在火力发电中的应用取得了很好的成效，但是也存在着一定的问题，比如：电气自动化网络系统对火力发电过程的检测具有时效性，一旦超过规定时间，该数据将失去效果，也就是说，如果不能对检测结果进行科学有效的管理，就不能对其进行详细的划分，电气自动化网络系统将无法对其进行实时监控。在火力发电过程中，电气自动化技术被设定为联系不同设备之间的纽带，通过对不同设备采取集中控制，将提高设备的运行效率，增加运行的稳定系数，确保设备安全运行，将所有设备发挥出最大的功效。在火力发电过程中，应用电气自动化技术，很好地解决了人力物力资源浪费问题，节约了投入成本。

（2）电气自动化技术在火力发电中的作用

电力行业是我国现代化建设的基础行业，是社会经济快速发展的基础行业，每年火力发电厂都会向社会运输大量的电能，保证人们的生活和工作能够正常运行。火力发电厂的工作效率在某种程度上影响着现代化建设的进程。电气自动化技术在火力发电中的作用，主要体现在以下几点：第一点，由于过去互联网技术有限，使得火力发电厂在发电过程中出现大量的电能耗损，这就说明，在所有原材料和条件不变的前提下，发电厂的产能量就会减少，为此，将电气自动化技术加入火力发电中，将大大提升电力生产的效率；第二点，虽然我国地域辽阔、物资丰富，但是由于人们过度的开采，使得资源骤减，很多非再生资源变得非常稀缺，其价格逐渐升高。火力发电厂的燃料是煤炭、石油等非再生资源，这些资源的价格变高，无形当中增加了火力发电的成本，如果在火力发电中加入电气自动化技术，将使各种燃料充分燃烧，利用最少的资源创造最大的价值；第三点，在火力发电厂中加入电气自动化技术，将改变电力发电厂的生产模式，使成本大大降低，同时，提高火力发电厂的经济效益。

（3）创新电气自动化技术在火力发电中的系统配置

1）I/O 集中监控方式

I/O 集中监控方式是一种全新的监控方式，将电气的各馈线与设备 I/O 接口相互连接，硬接线电缆与集控室 DCSI/O 通道相互连接，经 A/D 处理后进入 DCS 组态，利用 DCS 对所有电气设备进行实时监控。这种监控方式的优势是反应灵敏度高、运行维护效果佳、对监控站的防护要求低，使 DCS 的投入成本降低。由于所有电气设备都在 DCS 监控中，随着电气设备数量的增加，DCS 设备冗余会下降，电缆数量将变大，控制面积将变大，电缆将变长，进而降低 DCS 设备的精准度。

2）远程智能 I/O 方式

远程智能 I/O 方式能够对数据进行集中收集，同时，通过远程控制的方式，在控制室以外的现场设置远程 I/O 采集柜，现场设备 I/O 信号与加采集柜依靠硬接线电缆进行连接，加采集柜与控制室 DCS 控制器主机柜依靠光纤进行连接。远程 I/O 的优势是节省电缆用量、节省安装费用、可靠性能高，智能化远程 I/O 不仅具备远程 I/O 的优势，还能进行数据的检索和校正功能。

3）现场总线控制系统方式

现场总线控制系统方式采用了当今 3C 技术，也就是通信技术、计算机技术和控制技术相结合产生的一种新技术，这项新技术体现了信息技术、互联网技术和控制技术。现场总线控制系统彻底改变了 DCS 集中和分散相结合的控制体系，废除 DCS 的控制站和相应的输出、输入方式，将控制系统功能高度集中到现场设备上。

（4）创新电气自动化技术在火力发电中的应用

1）统一单元炉机组

在火力发电中，创新电气自动化技术的应用，实现机、电、炉控制一体化的单元运行监控方式。火力发电厂中集散控制系统可以通过这种单元运行方式对所有运行数据和信息进行汇总、分析，挖掘火电机组的潜力，使其发挥出最大的功能，同时，缩小控制室的面积，简化监控系统，在最大程度上减少成本投入；统一单元炉机组有利于火力发电厂信息的采集工作，火电电网实现统一部署和管理，及时完成 AGC 的有关指令，使电网工作效率得到提升，单元炉机组能够保持高效运行的状态，火力发电厂能够获得最大的经济效益。

因此，统一单元炉机组能够提升火电机组的监控水平。

2）创新控制保护手段

一般情况下，在火力发电中使用的系统控制和保护手段都是报警和连锁，这种方式只能实现超限报警和连锁跳机的波动性控制和保护。对电气自动化技术进行创新，利用计算机技术、互联网技术对其进行控制保护，利用电气自动化系统对运营的设备进行检测和排查故障隐患，一旦发现火电设备的系统出现异常，就要及时进行控制，并采取应对措施。利用系统冗余等主动控制措施，可以对系统故障的范围实现自动控制，维持电气自动化系统的安全运行。创新电气自动化系统设备，使其从预防维护的被动状态和事后维护状态，转变为主动预防和排查设备隐患同时进行。

3）实现电气全通信控制

当前，火力发电厂的电气自动化系统已经无法满足集散控制系统的需求，更加无法满足社会生活的需求，需要创新电气自动化系统，实现电气全通信控制，在通信速度和系统的安全性能方面存在着一定的差距，电气自动化系统和集散控制系统之间保留了一部分硬接线。只有解决好热工工艺连锁问题，使电气后台系统的应用水平能力增强，完成基本运行监视功能，从根本上提高电气自动化系统的逻辑性，提高自动化水平和运行管理水平，才能全方位的实现电气全通信控制模式。

4）构建通用网络结构

电气自动化系统安全运行需要设置科学合理的通用网络结构。在火力发电厂中，创新电气自动化技术，实现从办公自动化环境到控制机直至元件级的整个电气自动化系统范围内的网络通信产品，确保电厂管理人员能够利用互联网技术对现场控制设备实行全程监控，保证电厂控制设备、管理系统和监控系统之间的数据传递畅通，实现智能化。

（二）水力发电

1. 水力发电的现状与前景

（1）我国水力发电的现状

我国在水力发电这一方面，通过几代水电工作者的奋斗、努力，我国水力发电的技术性、规模性、先进性在不断地强化，从改革开放以来，我国在水力发电这一方面的发展更为迅猛，水力发电工程的建设正在逐步地完善。

我国在 20 世纪 50 年代，主要是对一些水力发电站以及丰满大坝进行修复，对古田、龙溪河等一些小型的水力发电工程进行续建，开始对一些小型水力发电站与中性发电站进行建设，例如：黄坛口、淮河、流溪河等一些中小型水力发电站。我国在 50 年代之后，由于经济的逐渐好转、科学技术的进一步发展，在水力发电这一方面中的建设条件逐渐成熟，我国对一部分河流区域采取了梯田这一形式进行开发，例如：新安江、猫跳河、以礼河、盐锅峡、新丰江、狮子滩、西津等一些水力发电工程。我国在 60 年代到 70 年代这一期间，开始建设的一些中小型水力发电站也非常的多，例如：乌江渡、映秀湾、白山、凤滩、大化、龙羊峡、碧口、龚嘴等。我国在 70 年代，对刘家峡水电站进行建设，刘家峡水电站是我国第一座规模超过了 1000MW 的水力发电站。葛洲坝水电站，这座容量为 2710MW 的水力发电站，在我国 80 年代期间建成，这一座水力发电站的建成对我国在水力发电这一方面的发展具有极其重要的历史意义，随着这座水力发电站的建成，我国水力发电站的规模逐渐地扩大。我国从 1994 年 12 月 14 日开始对三峡水力发电站进行建设，2006 年 5 月 20 日三峡水力发电站正式建成，这是一座让全世界都为之震惊的水电工程，三峡水力发电站是目前世界上最大的水力发电站，在全球所有水电工程中占据着非常重要的位置，这一座水力发电站的建成，标志着我国在水电工程这一领域中步入了一个新的发展阶段。我国在水力发电这一方面还处于一个逐渐完善的阶段，还在探索中寻求发展，还面临着一系列的难题与挑战，在发展过程中也还存在着一些不足与缺陷。

就目前来看，我国水力发电在管理体制上还不完善，电力工业中的体制在一定程度上制约了水力发电的发展。在我国，电力部门负责对电力进行管理，水利部门负责对水利进行管理，水力发电是电力与水利这两个方面综合起来的一项工程，但是电力部门中的所有事项都归于火电系统，电力企业对电力进行全方位的控制，这就造成电力行业的垄断，直接导致水电资源无法得到有效的开发与利用，而且在水电这一方面的电价要远远低于火电中的电价，我国一些部门因为经济效益而重视火电行业的发展，忽略水电行业的发展，这在很大程度上浪费了水电资源。我国水力发电在技术这一方面中的发展，也存在着一些问题，水力发电中的调峰相对而言比较容易，在很短的时间里就可以起动大型水电机组进行发电，火力机组则需要较长的时间完成起动，这就导致在对大电网进行调度的过程中，一般都会选择水电机组来进行调峰，在水流量非常充足的时候，通过泄洪这种方式来代替发电，忽略了水电机组在常规状态下的运行与使用，导致对水电资源的浪费。我国水力发电中存在的这些问题，从根本上来看是因为我国相关部门还没有充分的重视水力发电的发展，没有认识到水力发电的紧迫性以及必要性，只关注眼前的利益，没有从长远的利益出发，这就造成了水力发电的发展滞后。

（2）我国水力发电的前景

随着我国经济的快速发展，我国电力行业在发展过程面临着新的发展形势，电力市场中出现了新的变化，由以往的电量与容量不足转变为电量过剩以及容量缺乏调峰，这一新的形势给我国水力发电带来了新的发展机遇。

1）总方针

我国水力发电在发展过程中，应当重视对一些调节性能较好的水力发电站进行开发与建设，要站在我国经济发展以及整个电力行业发展的角度，对水力发电开发强度进行深入的分析与研究，防止在水力发电这一方面中出现资源的浪费现象，对抽水蓄能电站在发展中的经济效益进行合理的评价，要重视抽水蓄能电站的开发与利用，认识到抽水蓄能电站中事故备用、调频、调峰、调相、填谷等作用，对于抽水蓄能电站的发展有着十分重要的意义，对我国东部地区与西部地区中的抽水蓄能电站进行合理的调整，重视水力发电中的生态环境问题。

2）构建水力发电基地，运用阶梯形式进行开发

我国西部地区占据了我国大部分的水能资源，但是我国西部地区的水能资源并没有得到有效的开发与利用，特别是我国云南这一区域，云南省中的水能资源主要集中在伊洛瓦底江、怒江、红河、澜沧江、金沙江、珠江等区域，云南省中的工业发展不足，水能资源主要散布在一些山区中，由于山区的交通不便以及经济落后，这就造成了水能资源的开发与利用难度大，我国西部大开发这一战略的实行，势必会促进我国西部水能资源的开发与利用，尤其是云南省的水能资源，我国可以在西部中的一些区域内构件水力发电基地，有利于西电东输这一战略目标的实现，不仅仅能够满足西部一些区域中对电力的需求，还在很大程度上对我国整体的能源结构进行了优化。

3）依然要重视小型水力发电工程的建设

我国各个区域中，小水电资源的蕴含了非常的丰富，约为 1.49 亿 kW，可以进行开发与利用的小水电资源约为 7125 亿 kW，平均每一年利用水能资源进行发电的电力总量约为 2400 亿 kWh，小水电资源除了无污染、可再生、成本低等水电资源共同的优点之外，由于小水电资源较为分散，所以对于生态环境造成的负面影响也相对的较小，小型水力发电工程的技术也已经非常成熟，在小型水力发电工程的建设过程中所需的投资较少，也容易对其进行修建，所以特别适合在山区中进行修建。小型水力发电工程在山区中进行修建时，能够有效地利用山区中的材料资源进行建设，山区的居民也能够参与到小型水力发电工程的建设过程中，这在一定程度上降低了修建所需要花费的资金成本，也不需要昂贵的设备以及技术，小型水力发电工程的修建对于我国山区中电气化的实现有着非常重要的作用，所以我国水力发电在发展过程中依然要重视对小型水力发电工程的建设。

（3）水力发电的重要意义

1）缓解能源紧张的压力

在我国经济发展的过程中，一个重要的影响因素就是能源紧张的问题，同样，这也是全世界瞩目的问题之一。在当今社会存在与发展的过程中，能源起到了基础性的作用。随着人们生活质量与生活水平不断改善与提高，对于能源的需求量不断增加，因此，能源紧张问题显得更加严重。对此，加大对水力发电等清洁能源的开发与利用，对于缓解能源紧张的压力而言具有十分重要的现实意义。

2）对于环境保护意义重大

传统的火力发电不仅对于煤矿资源造成巨大的消耗，而且还会对大量的有害物质进行排放，对于整个大气环境造成了极为严重的污染。核能发电虽然具有巨大的潜力，但是，其不仅成本高，而且潜在的危险性也是十分大的，一旦发生核泄漏对于整个环境造成的影响是无法估计的。而水力发电不会对有害的气体以及烟尘等进行排放，也不具有核辐射的隐患，是一种清洁、安全的能源，对于我国可持续发展目标的实现有着重要意义。

2.水力发电常见问题及对应措施

（1）水力发电运行工作中常见问题

1）电力管理制度的制约

从本质上来讲电力行业还是高度垄断行业，由单一企业全面控制电力的调度、分配、销售、结算等，拥有绝对权力。在电力相对过剩时期，水力发电与火力发电之间的矛盾尖锐，受到高度垄断的影响，无法优先利用水力发电资源，造成浪费。而我国长期以火力发电为主，各个火电厂与各个煤矿建立了相对固定的关系。如果全面运用水力发电代替火力发电，不仅电厂面临巨大压力，煤矿也会跟着受到影响，会造成两方出现经济困境。受到多方经济利益的驱动，我国目前形成了"保火电，轻水电"的局面，造成了大量的水电资源被浪费。

2）相关工作人员缺乏安全细节意识

水电也在安全规章制度方面提出了严格的要求。但是，由于受到一些客观以及主观因素的影响和制约，使得安全细节意识缺乏的情况屡见不鲜。一方面，部分值班维护人员在工作过程中随意性大，对"两票三制"工作不够重视，习惯性违章现象时有发生，使得生产工作存在安全隐患。另一方面，在工作期间，值班人员没有根据要求对设备进行巡回检查，或者只是进行了例行检查，对设备存在的异常现象缺乏分析，影响了水电站的安全稳定运行。此外，在水电站运行值班工作中，值班人员工作不够细致也是比较常见的细节问题，比如：当机组水头测值存在误差以及拦污栅轻微堵塞等问题对水轮发电机组运行工况造成影响的时候，由于涉及水工方面或设备不足等原因，不能有针对性地制定解决方案，致使机组无法在最佳工况运行，甚至引起不安全事件题发生，影响了工作的质量以及效果。

3）水力发电缺乏充足的设备维护资金

水力发电能够得以正常运行的基础在于设备，而设备的维护需要充足的资金。现阶段，在水力发电运行工作中，资金不足对设备的维护与管理水平造成了极为严重的影响，很多山区水力发电由于忽略了设备日常维护与技术改造升级所需要的资金，大部分发电机组老化严重，属于带病运行，出现问题时往往是"头疼医头，脚痛医脚"，直接带来安全运行隐患，不仅发电效益低下而且导致发电事故频发。因此，在水力发电运行工作中，资金不足的问题是其面临的一个重要问题。

（2）措施

1）对水力发电运行管理工作进行细化管理

在水力发电运行管理工作中，要想安全、经济、高效运转，就应该对值班工作进行细化管理。一方面，运行管理人员应该建立健全各项规章制度。对于水电站来说，搞好日常设备维护和经济运行是一项重要工作。同时，严格执行电力行业标准和规程规范，特别是电网调度机构对并网发电企业"两个细则"和 AGC、AVC 管理考核足够重视，才能取得较好的经济效益。因此，运行管理人员在实际的工作中，应该通过采用完善机制的方法，对发电设备的性能维护等进行细致的管理；同时，对运行值班人员进行严格的规范，确保在生产过程中安全稳定、经济运行。另一方面，应该健全值班人员绩效评估考核。在实际的水电站发电运行值班工作期间，发电管理人员应该以值班人员的工作绩效进行合理的评定来分配薪酬，确保可以进一步提高值班人员的工作积极性。此外，应该不断提高生产现场安全监管工作水平。在实际的工作中，安全监督人员应该加大对各种违章行为等的管理，保证各级人员有章可循，能够时刻规范自身行为，认真履行安全生产职责，最大限度地减小生产期间的不安全因素。

2）不断加强安全与技术培训

在开展安全教育培训期间，其具有一定的经常性以及多样性，比如：相关人员可以通过不同的培训形式，对《电气操作导则》等进行详细的讲解和分析，保证值班人员可以在工作期间不断规范自身的行为，尽可能地避免不安全事件的发生。同时，在安全教育活动中，相关人员也可以结合实际案例，对值班人员进行讲解以及警示，确保值班人员树立良好的安全意识，从而在工作中严格地按执行"两票三制"。此外，对于部分值班人员存在对技术培训积极性不高的现象，应该适当的改变培训方式，采用外出技术培训，邀请设备厂家技术人员讲课等方法；同时也可以构建值班人员技术交流平台，如微信或QQ技术交流群，增进值班人员的互动，让其可以将自身的经验进行分享以及传播，从而更好地丰富值班人员的工作经验，提高自身专业技能水平。

3）对设备日常维修制度进行完善

在水力发电运行工作中，设备的正确使用与精心维护是一个十分重要的环节。为了能够使投入的资金能够得到充分的利用，并且使设备的正常运行状态得以维持，使其使用寿命得以延长，对设备日常维修制度进行建立健全是十分必要的。定期维修与保养设备，使设备的性能以及其技术状态得以良好的维持。不能认为对设备进行维护就是对资金进行浪费，这种观点是错误的。另外，设备的维护工作对于相关工作人员也提出了更高的要求。相关人员需要对设备的性能知识进行熟练地掌握，不断提高自身技能，发现设备运行中出现问题应及时对其采取合理措施来进行有效的处理与解决，从而使设备的安全隐患得以消除，避免因设备故障造成水力发电运行工作出现损失，提高水力发电经济效益。

3.水力发电自动化技术

（1）水力发电自动化的优势

1）提高设备的运行效率

自从水力发电引用自动化技术以来，设备可以依靠自动化系统对水力发电进行综合管理和控制，同时可以及时发现设备运行过程中出现的问题和异常现象，对其进行检测、分析、处理，降低故障发生概率，提高设备的运行效率，为水力发电设备提供安全保障。水力发电自动化技术应用之后，大大节约了人力资源的消耗，同时降低了操作失误现象，提高了设备工作效率。

2）提高经济效益

水力发电应用自动化技术可以提高水力发电的经济效益，也是水力发电运用价值的充分体现。水力发电可以通过自动化技术，使与其相关的设备机组在电力负荷允许的情况下产生更多的电能，在安全的基础上进行高效工作，全面提高水力发电的经济效益。应用自动化技术，可以实现资源的充分利用，在水量不同的情况下合理选择设备开机台数。

3）降低人力成本

水力发电站基本上都建立在远离城区的位置，影响了工作人员的正常生活，不利于员工身心健康。此外，水力发电站运行设备和自动化系统都需要进行定期检修和维护，增加了工作人员的工作量。利用自动化技术不仅提高水电站设备的运行效率，同时提高了设备的监测、检查、分析处理问题的能力，减轻员工的工作重量和工作压力，同时提高水力发电站的运行管理水平。

（2）目前水力发电自动化系统建设过程所存在的不足

1）系统的控制、维护和管理三大构成部分的发展较为滞后

在水力发电自动化系统当中，控制部分的发展和后两者相比是属于比较早的，然而目前国内水力发电自动化系统的管理部分仅仅关注与重视财务、物料等直接与经济效益挂钩的工作内容，只有部分少数的管理工作真正接触到技术性的管理内容。而和另外两种系统构成部分相比较，维护部分的自动化发展就比较迟，而且绝大多数的维护工作都仍然停留于维修计划以及事后维修这两大环节，换而言之整个水力发电自动化系统的维护工作均滞留在手工化时期。

2）系统的控制、维护和管理三大构成部分缺乏必要、具体的联系交流

在水力发电自动化系统的实际运行过程中，负责以上三大构成部分工作的部分都较少进行沟通交流，甚至在某些重大决策环节都不会集中各部门的意见与信息资料，然而事实上，水力发电自动化系统要得到高效、稳定、安全的运行，就务必要使得某一构成部分的发展依赖于另外两构成部分的内部资料、发展实况等信息。所以当水力发电自动化系统出现了控制、维护和管理三大构成部分互相脱离的问题时，工作人员务必要实时地选择调整策略来加强三者的联系与作用。

3）存在着不良的环境问题

首先，水力工程项目在一定程度上影响了施工当地水文的实际情况、改变了水域床底的冲淤情况、破坏了水下的生态平衡，给广大水生动植物带来了较大的新生存挑战。再者，因为水利工程项目所涉及的施工范围比较广，有时会选择一些居民区进行施工，为此就会引发起比较大的人口迁移问题，给当地的日常生活、文物保护、工业农业、旅游航空等方面形成一定的不良影响，从而阻碍施工当地生态环境实现可持续发展战略。

（3）水力发电自动化系统的改善策略

1）加强水力发电自动化系统的集成性建设

所谓水力发电自动化系统的集成化，即是将系统的控制、维护和管理三大构成部分集

于一体，其主要涉及性能集中化与目标集中化两大内容，而性能集中化即是指工作人员务必要随着科学技术与通信信息的不断蓬勃发展，进一步地改进与完善该集成化系统的性能、功能，为更好更快地完成水力发电自动化的正常运作工作。而目标集中化即是指将各构成部分的运行目的、效益要求、可行性、稳定性等发展子目标整合成该集中化系统的一致性目标，从而让该水力发电自动化系统所带来的总效益达到最大化。

2）加强水力发电自动化系统的智能性建设

要全面高效地完成水力发电自动化系统的性能集中化与目标集中化两大工作内容，工作人员务必要尽可能地强化当前系统的智能化性能，换而言之，即是在决策、运行、管理、检测等环节上真正实现智能化发展，不断完善水力发电自动化系统的装置设备，使水利工程项目所配置的设施设备都拥有着一定的目标检测、故障分析、工作预测等功能特点，从而为往后实现水力发电自动化系统提供强有力的装备基础。

3）加强水力发电自动化系统的分布性建设

处于如此强大、稳定的集成化系统环境下，水力发电自动化系统的分布工作务必要做到科学恰当、有条不紊，而且其主要涉及如下两方面任务：一是任务分布，二是智能分布。水力发电自动化系统只有将集成化与分布化有效地融合起来，方可以让各环节、各阶段的工作任务与职责权利落实到底，在根本上做到"高质量、高效率、高安全"的运营准则，从而使当前水力发电自动化系统的运行变得更为稳定、可靠，为建设最高性能的水力发电自动化系统提供具体的实践经验。

4）加强水力发电自动化系统的开放性建设

所谓水力发电自动化系统的开放性建设，不但要求工作人员选择性价比高、供货单位综合评价好的设施设备，而且还需要工作按照系统的实际发展情况，不断选择合理、高效的新型设备安装在系统的硬件方面，不断对系统上的软件进行适当地更新换代，从而在性能、特质方面进一步地提高水力发电自动化系统的使用效率与使用年限，为有效结合水力与电力系统而提供良好的基础设施。

5）对水力发电自动化系统进行适当地优化调度工作

依据水利工程施工当地实际的防洪能力、工农业发展情况等信息资料，工作人员务必要对水力发电自动化系统落实科学有效的优化调度工作，尤其是要让水力发电自动化系统尽可能地适应施工当地水资源的使用情况，降低水力发电系统对自然生态环境所造成的破坏性，从而让整个系统的总效益达到最大化，例如有关政府部门或者单位人员可以加大对鱼道或者人工景观的建设力度，为众多水生动植物提供舒适、健康的生存环境。一般而言，水力发电自动化系统能否得到贯彻落实直接取决于当前建设项目能否由传统的 DDC 现场控制技术逐渐转变现代化的由数据库而打造成的中心化管理性技术、能否在根本上参考建设当地的发展实况（比如农牧业发展、防洪抗灾性能等），唯有全面地落实好水力发电自动化系统的优化调度工作，方能行之有效地推动我国水利工程朝着又好又快的方向发展进步。

（三）风力发电

1.风力发电技术现状及存在问题

（1）风力发电简介

1）风力发电电机构成

在风力发电机组当中，风力发电机的组成，包括机舱电机转子以及叶片，低速轴，齿轮箱，高速轴，机械水闸，平衡装置，液压系统，发电机，冷却元器件，风速计，塔架，风机，电机电子控制器。而对于风力涡轮机来讲，其组成成分中核心组分主要是叶片，齿轮箱以及发电机等。对于风力发电机来讲，其中转子叶片的主要作用是对自然界中的风能进行捕获，并且将其进行传递，传递到转子轴线上。机舱电机转子是和发电机的低速轴进行连接的，同时又与齿轮箱进行连接。而变速箱的存在能够使高速轴的速度变为低速轴的50倍，而且在1500转每分钟的转速下对发电机进行驱动。

在风力涡轮机当中还增加了应急机器，其作用主要是为了在风力涡轮机出现故障进行修理时进行制动，同时也可以在风力涡轮机空气制动器失灵时进行使用，使风力涡轮机能够迅速制动，避免出现安全事故。偏航装置存在的作用是对风力发电机舱进行旋转，使风力发电机当中的卷子能够始终直向风。而偏航系统主要受到电子控制器的控制以及操作，电子控制器能够依靠与计算机信息系统对偏航系统状态进行全面的检测。冷却元器件的存在主要是为了对运行过程中发电机以及齿轮箱中过热的油进行冷却，使其能够持续保证发电机和齿轮箱正常运转。

2）风力发电原理

在风力发电过程当中，主要的发电原理是通过自然界存在的风，对风力发电机组的叶片进行驱动，然后旋转，在旋转的过程当中，发动机的转速会逐渐增加，然后通过发电机进行发电。在发展过程中，在风力发电机上会安装有传感器，该传感器能够对自然界中方向进行检测，然后通过风力发电机组内部存在的偏航系统，对风力发电机的叶片进行控制，使其能够随着风向改变而不断运动，对自然界中的风进行最大程度的捕获，提高风力发电机组的发电效率。而经由风力发电所产生的电能在进行使用之前，还需要通过蓄电池来对这些风力发电所得电脑进行储存，然后将其转化为化学能，通过化学能再进行放电，将其变为220伏交流电，然后才能够被国家电网并入并进行使用。

（2）风力发电技术发展现状

19世纪末风力发电技术开始出现，并且出现了第一个风力发电机，发展到20世纪80年代，风力发电机组电气化控制手段才出现。而发展到现如今，风力发电技术发展得越发成熟，在市场应用中推广力度也越来越强，技术经过不断革新，突破了传统技术的限制，使得风力发电在社会能源结构改革中所占的比重越来越大。而且从长远的发展角度来看，风力发电技术的前景也是非常雄厚的且不可估量的，在一些发达国家当中，对于风力发的刺激奖励机制建设的比较完善，因此风力发电的技术推广以及覆盖范围也越来越大。

在风力发电技术不断发展改革的过程当中，通过对风力发电机组的增速齿轮箱和永磁同步发电机以及全功率变流器进行应用，使得风力发电机组在运行过程中的攻略得到了降低，同时利用效率得到了提升。而且在不断改变过程中增加了独立叶片变桨控制系统，能够使风力发电机组的荷载降低，机组整体寿命得到延长。在风力发电机组当中，动态无功控制可以保证在风力发电过程中对电网进行输送时，电压能够无功并且稳定。在欧洲对风力发电技术进行研究过程中，通过使用全功率变流并网技术，使得风能的使用覆盖范围大大提高，而且对于风力发电的电能质量也进行了提高。在发展过程中也能够发现，自然界当中的风力是拥有随机性以及不可控性的，在发展过程中电网的要求却又非常严格，所以两者之间在本质上来讲是处于矛盾对立的状态，所以在今后风力发电技术研究以及设计过程当中，需要对风电电源的特性进行全面的解析，同时对风力发电过程中对电网所产生的影响进行评估，使得现有的电网能够对风力发电的接受能力得到提高，将两者之间所存在的矛盾进行根本性解决。

（3）风力发电技术问题改善

1）加强风力发电技术研究

在风力发电技术发展过程中，对风力发电技术进行深入研究，其主要目的就是为了使现有技术能够得到改善以及优化，并同时对风力发电的整体效率进行提升。所以在风力发电相关技术研究过程当中，对于不同区域所应用的不同风力发电设备和技术应该采取不同的方法。在一些风力富集的区域进行风力发电，可以采用功率调节模式，这种模式是通过对结节距进行调整，从而实现对风力发电过程中的功率进行调整的目的，可以有效地控制在风力富集区域风电发电功率。而且应用该模式所需要的相关设备并不是非常复杂，操作起来也比较简单，所以实际投入的成本不会太高，应用的可行性非常高。而对其他地区的风力发电工作来讲，可以进行独立发电机使用，主要是在需要的时候对风电电能进行储存然后释放。在技术不断发展过程当中，风力发电机组在多种不同环境下的应用适用性将会大大提高，尤其是在一些恶劣环境当中能够进行广泛使用，而且其自身的风能利用效率也会大大提升。因此在技术开发过程中，从增加风电机组单机容量的角度来出发，从而推动风电机组整体技术更新。

2）增强风电机组运行效率

在风力发电技术不断推广与应用的过程当中，风力发电的市场规模也在不断扩大，因此在风力发电过程当中，工业化脚步的推进程度越来越快。随着风力发电机组单机容量的不断提高，在进行风力发电机组制造是单机成本在不断地下调，所以风力发电技术应用的商业化变得越来越简单，对于风力发电成本的降低具有非常重要的意义。所以在工业化发展模式下以及商业化运行模式下，风电机组应大大提高其运行效率，从风力发电机叶片以及其他系统等方面加强设计与改善，提高运行安全性与可行性，在此基础之上提高企业运行效率。

（4）风力发电技术创新

1）风力发电技术创新必要性

随着现如今社会能源结构的改变，在社会能源结构当中，可再生能源所占的比重越来越大，其中风能属于其中重要的一种。由风力发电所产生的电能，在社会中被应用的范围越来越广泛，而且因为我国风能储备比较充分，所以对于风力发电技术的应用及前景以及市场都非常广阔。为了对如此丰富的风能进行大范围的使用，并推动我国可再生能源结构改善，对我国经济建设做出重要贡献，需要加强在风力发电技术方面的研究与创新，通过创新是手段与技术对能源应用效果进行全面的改善与提升。在我国发展战略目标当中，持续发展战略目标的实现是需要以我国可再生能源为主要基础所实现的，所以对于风力发电技术创新工作重视是非常必要的。从全世界范围来看，能源逐渐紧张并且由能源所引发的环境问题越发突出，所以在能源问题改善过程中，我国应紧随国际发展的脚步，对风力发电创新可行性以及创新路将进行探究。而且从传统能源结构向新能源结构进行转变。因为其需要非常长的周期，所以在这个过程当中，应针对风力发电技术以及风力发电电脑的应用，来进行相关配套设施和配套网络建设，使得风力发电能够成体系建设并投入使用。

2）风力发电技术创新的条件

对于我国来讲，因为我国幅员辽阔且地域广袤，所以在我国国土覆盖范围之内，拥有着非常丰富的风能资源，这是我国在对风力发电技术进行应用以及创新过程中的最主要基础，这是非常必要的也是非常有效的途径，对我国能源结构进行改善的方法。所以在拥有丰富风能资源的基础之上，对我国风力发电技术进行推广和大范围应用是行之有效的一种手段。因此在这种背景下，我国对于风力发电技术的应用以及技术推广也越来越广泛，在社会当中，许多不同类型的风力发电相关设备和配套设备，投入实际生产和销售当中并被许多个人以及企业购买和使用。同时各科研机构以及组织也针对现行市场当中所流通的风力发电配套设备，进行了深入的研究，并对企业风力发电能力进行不断地改善，提高了风力发电机组的实际运行效率。最重要的是风力发电的成本非常低，所以在与其他可再生能源进行竞争的过程当中，其成本优势非常突出，在电力能源结构当中所拥有的竞争力也大大提高，同时国家对于风力发电又持支持的态度，所以对于风力发电技术来讲拥有诸多基础实现其技术创新。

3）风力发电技术创新前景

因为现如今社会发展速度非常快，人们的生活水平日新月异，所以无论是在人们日常生活当中，抑或者是社会生产当中，对于电能的需求都将越来越高，所以在此背景下，电力能源所存在的缺口需要其他技术来进行弥补。其中风力发电技术在近些年来，因为技术的快速发展及发电能力得到了显著的提升，所以在经济快速发展过程中，风力发电技术可以为社会电能需求进行补充，使社会所需电能得到满足。因此在社会发展过程中，对风力发电相关技术进行研究，并且对企业配套设施进行建设是必然的趋势。尤其是我国针对风力发电技术进行了深入研究以及实地走访调查，发现我国风力发电的实际应用现状非常的稳定，而且在风力发电技术应用下，对于不可再生能源的应用数量逐渐减少，所以相应的环境问题得到了很大程度的改善，因此在未来发展过程中，对于风力发电技术的应用将越来越大。

2.风力发电机组稳定性提升对策

（1）风力发电机组运行安全性的分析

1）运行环境恶劣

在风力发电运行的过程中由于长期在野外进行作业，工作的条件非常的恶劣，并且风力资源不是人为可以进行控制的，在一些极端环境中最高风速可以达到五十米每秒，风机承载着超负荷的载荷，风力发电机组的运营安全随时随地都受到外界环境的影响。为了保障风机的质量，在进行风机制造的时候需要对制造风机的材料进行大量的实验，主要是测试该材料的疲劳时间、耐高温性能、耐低温性能、耐腐蚀性能和抗冲击性能，在经过测试之后才能确定，并且风机的设计寿命一般是 20 年，对风机的结构安全性能提出了更高的要求。

2）风机的设计

在风机运行过程中通过使用变桨距技术可以有效减低，风机在运营过程中承受的风力载荷，并且在无风的环境中风机可以自动的调整到最大桨叶角的位置，这样在出现风力资源的时候，可以保证风机运行的安全性。在进行风机系统制动的时候，可以利用三套独立的叶片变桨结构来进行安全稳定的制动，在遇到极端的环境的时候，为了很好地保护风力发电机组不受到破坏，一般会提前对风机记性制动，一般是采取启动刹车系统，保证风机的叶片都回到最大桨叶角的位置。主要是风机在运行时的动态载荷是非常大远远超出了静止状态下载荷，因为在预报有极端恶劣的天气的时候，工作人员会预先对风机进行保护，保障风力发电机组的设备安全。

3）风力发电机组的安全保护系统

在风力发电机组工作的过程中还需要对机组进行一定的保护，在风机运行的过程中都是采取自动化控制的，自动控制系统要保障发电机组在无人值班环境下的自动运行，并且将实时的监测数据信息上传给控制系统。其中可编程控制器是风力发电机组自动控制的核心要素，还包括了 PLC、各种传感器、控制器和主要的执行设备，通过传感器的数据采集再上传到控制器中，通过计算处理下达给执行设备的下一步指令，从而保障风力发电系统的运行安全性。

（2）风力发电机组定期维护存在技术问题

1）维护标准没有针对性

目前风电系统 90% 的风场均执行厂家出厂原定期维护标准，但各机型原定期维护标准只针对设备总体检查进行了相关要求，即没有后期的技术反馈改进，也没有及时针对各版本风力发电机组型号进行更新，甚至部分定期维护标准存在不合理的检查或缺少关键性检查。同时由于各风力发电机组厂家繁多，地理环境差异大，技术部门未对每个风场的地理环境制定特别检查项目，致使很多风力发电机组定期维护工作出现了"水土不服"的情况。很多风场只能自己修编或改进定期维护项目，但只能治标不治本，不但没有达到减少风力发电机组故障率，反而增加风力发电机组出现其他严重故障的隐患，造成大量人力物力的投入，违反了初衷。

2）没有统一的技术标准

由于风力发电机组生产厂家众多，导致拥有多种机型的风电发电公司定期维护单无统一的技术标准。一是设备名称不统一，如变频单元就有变频器、变流器、逆变器、IGBT四种名称。二是原定期维护标准中技术要求或规范不明确，如叶片轴承注油项目中只简单写了润滑叶片轴承，没有对叶片注油时的叶片运行状态、注油量和注油方式给出具体要求；三是定期维护项目存在差异，具体表现为某厂家要求检查急停按钮，某厂家则定期维护单中未加入急停按钮检查等。上述三方面问题，直接导致了工作人员在作业时没有可靠依据，造成了定期维护质量参差不齐。

3）人员定期维护技术薄弱

与风力发电机组维护消缺不同，定期维护工作由于其"固定"的模式和风电公司的管理方式，工作人员在风力发电机组出质保前只学习了如何消缺维护，对定期维护项目的学习较为粗糙。在风力发电机组出质保后，依旧没有组织人员学习定期维护技术，也没有专业人员带头指导定期维护项目，这种情况直接导致了风力发电机组出质保后故障率急剧增加。

（3）提高风力发电机组定期维护质量对策

1）建立统一的定期维护技术标准

针对各风力发电机组机型定期维护标准存在的格式不一、项目参差不齐、技术要求不规范的问题进行分析研究，同时积极与厂家现场工作人员沟通，结合各风场的地理环境和风力发电机组运行特性，重新编制了符合本公司风场的定期维护标准。一是将各机型的定期维护标准格式进行统一，新格式的定期维护标准拥有更加明显的检查项目点和更清晰的项目要求；二是修编定期维护项目，在修编期间与各现场、厂家人员等专业技术人员进行沟通，对很多"鸡肋"的检查项目不但费时费力且没有明显的反应设备的情况检查进行删减和改动；三是对定期维护项目进行量化，增强对定期维护质量的管控。

2）优化定期维护工作的管理模式

采用风力发电机组责任到人的管理模式，通过考核可利用率、发电小时数等指标，调节工资绩效、奖金分配，调动所有人员的工作积极性；采用管理人员每月抽检风力发电机组定期维护情况，即保证了定期维护工作不能缺项、漏项，也让风场人员认识到风力发电机组定期维护工作对于风力发电机组稳定运行的重要性；生产管理部门可以通过抽查的形式对定期维护情况进行单独追踪，对定期维护质量进行实时把控。

3）数据监测的分析

在风力发电过程中很多数据信息的变化都会对风机的运行造成一定的影响，在风机运行过程中需要对工作环境的温度、风机的实际转速、电力功率的检测、并网电力数据信息的监测等。在风机高速旋转的过程中产生的机械能也是非常多，并且导致了叶轮的工作温度不断地升高。有可能出现异常数据信息的监测模块主要有发电机组的绕组线圈的温度、控制柜的温度、机舱的实际温度、三相电压、电流、电压等信息，在超出了预期的设定值时我们需要将数据信息及时的上传到控制系统中，并且及时地通过远程控制系统对一些设备进行有效的调控，防止安全事故的发生。

3. 风力发电对自动化的要求与风力发电信息系统的应用

（1）风力发电对自动化的要求

风能的随机性相对较大，受季节影响较大，风速的大小和风向的变化是不定，因此，风力发电机组在运行过程中对于故障的检测和保护一定要实现自动控制，除此之外，风力发电机组的启动、停止、对电网的切入和切出，合理的控制输入功率、风轮机跟踪变化的稳定等都要实现自动化，这样才能更好进行风力发电。所以，建立风力发电自动控制系统是十分必要的。

1）对风力发电机组的运行状况进行自动化控制

在风力发电机组正常运行过程中，通过自动控制系统能够对风力发电机组的运行情况和电网的运行状况进行认真的检测和详细的记录，并且能够及时发现风力发电机组运行过程存在的问题，能够采取有效的保护措施，保证风力发电机组的正常运行。与此同时，通过自动控制系统所显示的记录数据可以充分反映风力发电机组的各项功能指标，从而能够实现风力发电机组运行的自动化。

2）限速和刹车停机的自动化控制

合理的应用自动控制系统，在风力发电机组运行过程中能够根据实际情况自动进行限速和刹车控制。例如，在风轮机转速超过最高上限的情况下，风力发电机会自动和电网脱离，并且桨叶会及时打开，实行软刹车，这样液压制动系统动作就能使桨叶停止运转，从而能够有效地进行限速和刹车停机。所以，风力发电机组实行自动化对于控制限速和刹车停机具有重要作用。

3）偏航和解缆的自动化控制

在风力发电机组运行过程中，通过应用自动控制系统，能够实现偏航和解缆的自动化控制。由于风向是不确定，连续跟踪风向很可能会使电缆被缠绕住，因此，通过应用自动控制系统可以充分发挥解缆功能，可以是电缆不被缠绕。这样当电缆缠绕达到限制值时，自动控制系统通过控制偏航系统就能及时地解缆。所以，实行风力发电机组自动化，能够实现偏航和解缆的自动化控制。

4）实现通信的自动化控制

运行工作人员通过应用风力发电自动控制系统可以及时地获取风力发电机组的故障信息，并且可以通过网络观察风力发电机组的运行情况，从而准确了解风速、风向、发电量和功率曲线等具体数据，能够对风力发电机组出现故障进行远程诊断。所以，应用风力发电自动控制系统能够实现通信的自动化控制，使运行工作人员及时了解风力发电机组的运行状况。

（2）风力发电信息系统的应用

为了促进我国风力发电产业的快速发展，建立风力发电信息管理系统，是符合我国风力发电的发展要求的。通过应用风力发电信息系统能够对风力发电的具体信息进行系统化管理，从而能够不断积累风力发电的相关数据，提高工作效率。

1）应用风力发电信息系统的作用

风力发电运行工作人员通过应用风力发电信息系统，可以将风力发电的相关信息用文字、图形和表格等形式体现出来，能够为风力发电企业进行决策提供宝贵的资料，使这些资料成为风力发电企业进行决策的重要科学依据，并且能够为投资提供必要的市场信息和相关的政策。由此可见，风力发电企业建立和应用风力发电信息系统，对于风力发电企业持续稳定的发展起到重要作用。

2）风力发电信息系统的功能

风力发电企业的运行工作人员应用风力发电信息系统可以充分发挥信息管理系统的各项功能，从而有效地提高工作效率。首先，合理的应用风轮机制造商子系统能够详细了解风机制造商以及相关附件制造商的相关信息；其次，应用风力发电机组子系统能够有效地管理风力发电机组的基本信息；再次，应用风力发电场子系统，可以充分了解风力发电场的实际情况，工作人员能够知道风力发电项目的具体信息，风资源的相关数据资料、风力发电场的发电量等；第四，通过应用风力发电政策规划子系统能够使风力发电企业了解国内外风力发电规划情况、相关政策以及风力发电的发展情况；最后，通过应用系统工具子系统能及时地对信息管理系统的相关数据进行记录、更新、计算以及科学的分析和统计，从而保证风力发电信息系统数据的真实性和可靠性。总而言之，风力发电企业科学的应用风力发电信息系统对于提高风力发电企业的工作效率，实现企业快速发展具有重要作用。

二、电能的质量指标

（一）电能质量概述

1. 电能质量的定义及内容

电能质量的不严格定义为：以电子系统的供电和接地作为研究对象，以保证对于该系统供电的完善。IEEE1159 标准中对电能质量的定义为：涉及敏感设备供电和接地的方法的概念，这种方法有利于敏感设备的运行。在 IEEE 标准术语权威词典（IEEE100）中，电能质量的定义为：涉及电子设备供电和接地方法的概念，这种方法有利于电子设备的运行，并使其兼容于供电系统及其连接的其他设备。电能质量主要包括：频率，电压，波形，三相对称等。

2. 影响电能质量的因素

（1）电压偏差

系统中各处偏离其额定值的百分比即为电压偏差，电网中用户负荷发生变化或电力系统运行方式发生改变而加到用电设备的电压偏离网络的额定电压。过大的电压偏差不仅影响用电设备的安全、经济运行，更会危害电网的稳定以及经济运行。

（2）电压谐波与畸变

由于供电系统中采用大量的如电弧设备以及变压器等非线性的电气设备，这些设备都是高次谐波的电流源，在电网中接入这些高次谐波电流源后就会造成系统的电压以及电流产生高次谐波。发电机的电压波形在高次谐波的作用下会产生畸变而降低供电电压的质量；供电电力会由于谐波的存在而造成损耗，从而导致电气设备的损坏而降低了供电的可靠性。较大的波动或冲击性非线性负荷都会引发间谐波电压。虽然间谐波的频率不是工频品类的整数倍，但是抑制或消除其产生的危害却比正数次谐波困难很多。

（3）电压波动与闪变

电压波动是指电压快速变动时其电压最大值和最小值之差相对于额定电压的百分比，即电压均方根值一系列的变动或连续的变化。闪变即灯光照度不稳定的视感，是由波动负荷引起的，对于启动电流大的鼠笼型感应电动机和异步启动的同步电机也会引起供电母线的快速、短时的电压波动，因为他们启动或电网恢复电压时的自启动电流，流经网络及变压器，会使元件产生附加的电压损失。急剧的电压波动会引起同步电动机的震动，影响产品的质量、产量，造成电子设备、测量仪器仪表无法准确、正常地工作；电压闪变超过限度值是照明负荷无法正常工作，损害工作人员身体健康。

（4）电压不平衡

不平衡相阻抗、不平衡负荷或两者的组合是导致电压不平衡的关键。不平衡电压在用电设备中引起的大负序电流会造成较高的温升，电压严重不平衡还会造成电动机过热，由于电压不平衡，会是的设备错误的调整变压器的抽头位置，大大降低供电可靠性和安全性。

（5）电压暂降与电压中断

由于电力系统故障或干活造成用户电压短时间下降到额定值的 90% 以下的现象即为电压暂降；由于系统故障跳闸而造成的用户完全丧失电压的现象为电压中断。绝缘子闪络或对敌放电主要是由雷击造成的，架空输配电线的瞬时故障以及大型电动机的全电压启动等都会导致不同程度的电压暂降和电压中断，这些都会影响总成电力设备的正常工作并影响用户的正常生活。

（6）暂时过电压与瞬态过电压

在电力系统运行操作中由于雷电等故障引发的这两种过电压经常发生，会直接危害电气设备的绝缘以及安全运行。

（7）频率偏差

频率偏差的定义是系统频率的实际值和标称值（50HZ）之差，国际要求电力系统正常频率偏差允许值为 0.2HZ，当系统容量较小时可以放宽到 0.5HZ。

3. 电能质量的标准

随着技术以及工业的不断发展，供电中断造成的影响越来越大，因此，电力企业和用户越来越关注电能质量。因此，为了保证供电质量，准确的评定电能质量的好坏以及通过可靠的检测电能质量参数改善电能质量是电能质量研究中的必要一环。IEEE 标准和 IEC 标准是目前国际上流行的两大电能质量标准。在参考两个标准的基础上通过结合我国目前的国情制订了自己的质量标准，主要有以下 6 项指标：

①《电能质量电压波动和闪变》（GB 12326-2000）；

②《电能质量暂时过电压和暂态过电压》（GB/T 18481-2001）。

③《电能质量电力系统频率允许偏差》（GB/T 15945-1995）；

④《电能质量三相电压允许不平衡度》（GB/T 1543-1995）；

⑤《电能质量供电电压允许偏差》（GB 12325-1990）；

⑥《电能质量公用电网谐波》（GB/T 14549-1993）。

（二）电能质量治理技术

1. 电能质量治理技术的正确使用

电能质量的治理问题始终受到国内外电力事业工作者的关注，因此，电能质量的治理技术研究具有相当高的价值。针对如何正确运用电能质量治理技术进行了深入研究。

第一，做好电能质量普查工作。电能质量治理技术难是一项难度大却投资高的复杂的系统工作，因此，电能质量普查是进行治理的前提条件，通过对生产周期内的谐波电压、谐波功率、功率因数、电压波动、基部电流、点播电压、闪变动态变化趋势等进行详尽的统计，根据最终的统计数据制定相应的科学化的治理方案，提高投资效益。

第二，谐波相消法与滤波。在电力系统中接入非线性器件不能用降低或消除非线性来消除谐波，而可以通过使高次谐波的次数相同，利用相位相反将谐波进行相互抵消。滤波可以降低系统其他部分的谐波电压，通过在系统接入谐波阻挡低的并联滤波器，转移大部分换流器所产生的谐波电流。

第三，并联电容补偿装置。并联电容补偿装置同样具有了滤波的作用。因为滤波器占地面积大，且造价高额，一些电力企业为了减少投入利用并联电容补偿装置。

第四，综合治理大功率、冲击性、非线性负荷。大功率、冲击性、非线性负荷对电力系统有着产生高次谐波、负序分量、电压波动与闪变等巨大影响，造成电力质量指标下降，因此需要对其进行综合性治理，做到降低谐波、提高功率因数、稳定电压、减小电压波动与闪变等作用，降低投资，用最小的成本取到更好地治理效果。

2. 现阶段电能质量治理技术的突破与创新

第一，完善了电能质量分析方法。在对电能质量治理技术的研究中，对电能质量进行了深入的分析，具体地找出对电能质量产生影响的因素——干扰源。通过对干扰源的进一步分析研究，对电能质量分析方法进行了完善。

第二，电能质量治理技术在电能监控方面取得的突破。对电能进行有效地监控是提高电能质量，优化点能治理效果的有效途径。电能监控一直是电能质量治理工作中的突出问题，实现电能监控方面的远程化与智能化，能够在一定程度上提高电能监控的质量与水平。电能监控远程化指的是通过远程传输设备，实现对电能信号的有效控制，减轻电能质量治理工作的负担。电能监控智能化采用电脑对电能进行测量与控制，提高电能质量治理自动化，减少人工操作，一定程度上避免了人工操作可能造成的失误，提高电能监控的准确度。

另外，随着国家对人工智能技术的推广与应用，人工智能技术也被广泛应用与电能质量治理工作中去，成为一种新的治理技术。

3. 电能质量治理技术的发展趋势

中国的电能质量治理技术具有巨大潜力与发展空间，在未来将会得到更大力度的开发与运用。

首先，人工智能技术的广泛发展。在电能质量技术的发展过程中，人工技能的应用取得了优秀的成果，整体提高了电能质量治理技术，使电能质量的监控方面得到了优化，通过人工智能技术中的神经网络技术、模糊尖酸控制单元与进化计算控制单元技术，实现了对电能质量的整体监控。

其次，电能质量分析方面的发展。对电能质量的分析是电能质量治理技术的基本，因此，必须着重对电能质量分析方面的发展，提高电能质量分析的准确性，正确快速地找到干扰电能质量的因素，达到提高电能质量的目的。

再次，电能质量计算的发展。电能质量的计算是电能质量治理工作中的重要方面。要想真正实现电能质量的正确、有效的计算，需要充分发挥高科技新技术的作用，运用计算机微电脑等方式，引导电能质量计算更加准确化、智能化。

最后，电能质量的改善，电能质量设备的发展与更新。近几年，中国在改善电能质量方面也做了很多努力，以缩小电压偏差、减小频率为目的，着重研究开发了一系列电网调度自动化、无功优化、新型调频与调压装置，并且在全国范围内推进电网改造工程建设，切实有效地提高电能质量。随着民众对电能质量重视程度的提高以及节能减排等热点问题的出现，电能质量设备也应同步进行更新。

第二章　电气设备选择

第一节　电线电缆的选择

一、电线电缆分类和命名规则

电线电缆主要分为五类：裸电线及裸导体、电力电缆、电气装备用电线电缆、通信电缆及光纤、电磁线。电线电缆命名规则主要包括电线电缆应用场合、电线电缆结构材料、电线电缆的重要特征或附加特征。电线电缆结构描述为导线材质＋绝缘材质＋内护层材质＋外护层材质＋铠装型式，其中铜导体可用 T 表示（可省略），铝导体用 L 表示。各种特殊使用场合，可以在"-"后以拼音字母标记，有些时候为了突出表示此项，把它写到最前面，如 ZR-（阻燃）、NH-（耐火）。额定电压等级，例如标准格式写作 0.6/1kV，0.6kV 表示导体对"地"的电压，1kV 表示导体各"相"间的电压。

1. 电线电缆在建筑电气中的功能介绍

所谓的电线电缆是用以传输电能，信息和实现电磁能转换的线材产品。在建筑电气中，其主要功能就是输送电力。其对接电气设备，给电气设备提供电能，确保电气设备的正常工作，维持整个建筑的正常使用。

2. 电线电缆的分类

根据不同的分类标准，可以将电线电缆分成不同的类别，一般来说根据电线电缆的性质，可将电线电缆分为普通电线电缆、阻燃电线电缆、耐火电线电缆、无卤低烟阻燃耐火电线线缆。不同性质的电线电缆，有着不同的特点，以下对四类电线电缆特点的具体分析。

就普通电线电缆而言，其自然不具备阻燃耐火等特性，对火灾不具有任何抵抗能力，一般应用于对阻燃能力要求较低或者不要求耐火能力的电气设备中。就阻燃电线电缆而言，其对电线电缆的失火有着一定的阻止效果，所谓的阻止效果集中表现于电缆成束敷设时电线电缆具有阻止延燃的特性，对火焰有一定的延迟效果。它可将电线电缆的烧损区限制在 2.5m 的范围内，从而使火灾的损失减小。就耐火电线电缆而言，其能够在火焰燃烧情况下，保持一定时间的电路完整性与相关电气设备的安全运行。耐火电缆广泛应用于高层建筑、地下铁道、地下街、大型电站及重要的工矿企业等与防火安全和消防救生有关的地方，例如，消防设备及紧急向导灯等应急设施的供电线路和控制线路。而对于建筑电气来说，其在失火时，必须要确保一段时间内消防设施与警报设施的正常运行，所以耐火电线电缆对于建筑电气来说是必用的电线线缆之一。就无卤低烟阻燃电线电缆而言，其最大的特点就是不含卤素，不含铅福铬汞等环境物质的胶料制成，燃烧时不会发出有毒烟雾的环保型电缆。因其特有的性质，越来越被建筑电气使用所采纳。无卤低烟阻燃电线电缆阻燃性能优越，燃烧时烟度甚少，无腐蚀性气体逸出，非常适用于各类建筑中。

二、平常设计工作中常用电力电缆标注字母含义

类别：ZR（阻燃）NH（耐火）BC（低烟低卤）E（低烟无卤）K（控制电缆类）DJ（电子计算机）N（农用直埋）JK（架空电缆类）B（布电线）。

导体：T（铜导体）L（铝导体）G（钢芯）R（铜软线）。

绝缘：V（聚氯乙烯）YJ（交联聚乙烯）Y（聚乙烯）X（天然丁苯胶混合物绝缘）G（硅橡胶混合物绝缘）YY（乙烯—乙酸乙烯橡皮混合物绝缘）。

护套：V（聚氯乙烯护套）Y（聚乙烯护套）F（氯丁胶混合物护套）。

三、耐火电线电缆

耐火电线电缆按耐火特性分为 A 类和 B 类两种。A 类受火温度 900~1000℃，B 类受火温度 750~800℃。按绝缘材料可分为有机型和无机型两种。有机物通常是指有机化合物，是含碳化合物、碳氢化合物及其衍生物的总称。无机物通常是指无机化合物，是除碳元素以外各元素的化合物。大多数的无机物可以归入盐、氧化物、碱、酸四大类。有机型耐火电缆的耐火层主要采用耐高温 800℃的云母带，并以 50% 重叠搭盖率包覆两层组合而成。外部采用聚氯乙烯或交联聚氯乙烯为绝缘，若同时要求阻燃，只要将绝缘材料选用阻燃型材料即可。它之所以具有耐火特性完全依赖于云母层的保护。有机类耐火电缆的耐火特性一般只能做到 B 类，加入水合物隔氧层后，水合物脱水焦化隔绝氧气，可以使电缆耐受 950℃高温，从而达到耐火 A 类标准。无机型矿物绝缘电缆主要是采用氧化镁作为绝缘材料，并且以铜管作为护套的电缆。无机型矿物绝缘电缆在一定情况下可以认为是真正的耐火电缆，只要火焰温度不超过铜的熔点 1083℃，电缆就可以坚持工作正常使用。矿物绝缘施工环境要求比较严格，电缆需防止潮气侵入，电缆需要使用各类专用接头及附件。

四、阻燃电线电缆

阻燃电线电缆并不能阻止燃烧的电缆。阻燃电缆是在一定的条件下撤去火源后残焰和残灼能够在规定时间内自行熄灭特性的电缆。阻燃电缆的阻燃等级分为 A、B、C、D 四级。

阻燃电缆主要分为一般阻燃电缆、低烟低卤阻燃电缆、无卤阻燃电缆。电缆用的阻燃材料一般分为含卤型及无卤型阻燃剂两种。含卤型有聚氯乙烯、聚四氯乙烯、氯磺化聚乙烯、氯丁橡胶等。无卤型由聚乙烯、交联聚乙烯、天然橡胶、乙丙橡胶、硅橡胶等。阻燃剂分为有机和无机两类，常用的是无机类的氢氧化铝。双层共挤绝缘辐照交联无卤低烟阻燃电线电缆是一种新兴电缆，是在把核电站用电线电缆"高标准，严要求"的设计理念融入建筑用电线电缆研发的基础上，经企业、大专院校、科研机构多年的合作研发，通过创新的双层绝缘结构和辐照交联工艺保障生产的高性能、使用寿命达 76 年的电线电缆，与建筑达到同寿命。推广应用双层共挤绝缘辐照交联无卤低烟阻燃电线电缆，对发展绿色建筑，保护环境，减少污染和浪费具有很重要的意义。双层共挤绝缘辐照交联无卤低烟阻燃电线电缆解决了因电线电缆老化而引起火灾的隐患，可以应用在重点工程、大型公建、超高层建筑中。

五、铝合金电缆的运用

我国铜资源比较匮乏，国际市场铜价也越来越高，在某些不重要和周围环境允许的场合，可以采用合金电缆替代铜缆。铝合金电缆是在纯铝中添加铜（Cu）、铁（Fe）、镁（Mg）、锰（Mn）、锌（Zn），钛（Ti）、铬（Cr）、硅（Si）等元素，通过特殊的合成和退火等工艺制成。纯铝通过添加其他金属元素和特殊的制造工艺，提高了铝物理性能，弥补了纯铝电缆的不足。铝合金电缆比纯铝电缆弯曲性能更好，抗蠕变性能和耐腐蚀性能也比纯铝电缆要高。铝合金电缆可以在一定时间过载和过热时，保持供电的连续稳定。铝合金电缆载流量是铜的 79%。在相同体积条件下，铝合金电缆的实际重量大约是铜材质电缆的 1/3。在相同载流量条件下，铝合金电缆的实际重量大约是铜材质电缆重量的 50%。在某些特殊场合可以用铝合金电缆代替铜缆。铝合金电缆价格便宜，重量比较轻，安装比较方便，可以缩短电缆施工周期。

六、电线电缆选用原则

1. 电线电缆选用的一般原则

在选用电线电缆时，一般要注意电线电缆型号、规格（导体截面）的选择。

（1）电线电缆型号的选择

选用电线电缆时，要考虑用途，敷设条件及安全性；例如，

1）根据用途的不同，可选用电力电缆、架空绝缘电缆、控制电缆等；

2）根据敷设条件的不同，可选用一般塑料绝缘电缆、钢带铠装电缆、钢丝铠装电缆、防腐电缆等；

3）根据安全性要求，可选用不延燃电缆、阻燃电缆、无卤阻燃电缆、耐火电缆等。

（2）电线电缆规格的选择

确定电线电缆的使用规格（导体截面）时，一般应考虑发热，电压损失，经济电流密度，机械强度等选择条件。

根据经验，低压动力线因其负荷电流较大，故一般先按发热条件选择截面，然后验算其电压损失和机械强度；低压照明线因其对电压水平要求较高，可先按允许电压损失条件选择截面，再验算发热条件和机械强度；对高压线路，则先按经济电流密度选择截面，然后验算其发热条件和允许电压损失；而高压架空线路，还应验算其机械强度。若用户没有经验，则应征询有关专业单位或人士的意见。一般电线电缆规格的选用参见下表：

表 2-1-1 电线电缆规格选用参考表

导体截面 Mm²	铜芯聚氯乙烯绝缘电缆 环境温度25℃架空敷设 227 IEC 01（BV）		铜芯聚氯乙烯绝缘电力电缆 环境温度25℃直埋敷设 VV22-0.6/1（3+1）		钢芯铝绞线 环境温度30℃架空敷设 LGJ	
	允许载流量A	容量kW	允许载流量A	容量kW	允许载流量A	容量kW
1.0	17	10				
1.5	21	12				
2.5	28	16				
4	37	21	38	21		
6	48	27	47	27		
10	65	36	65	36		
16	91	59	84	47	97	54
25	120	67	110	61	124	69
35	147	82	130	75	150	84
50	187	105	155	89	195	109
70	230	129	195	109	242	135
95	282	158	230	125	295	165
120	324	181	260	143	335	187

导体截面 Mm²	铜芯聚氯乙烯绝缘电缆 环境温度25℃架空敷设 227 IEC 01（BV）		铜芯聚氯乙烯绝缘电力电缆 环境温度25℃直埋敷设 VV22-0.6/1（3+1）		钢芯铝绞线 环境温度30℃架空敷设 LGJ	
	允许载流量A	容量kW	允许载流量A	容量kW	允许载流量A	容量kW
150	371	208	300	161	393	220
185	423	237	335	187	450	252
240			390	220	540	302
300			435	243	630	352

说明：（1）同一规格铝芯导线载流量约为铜芯的0.7倍，选用铝芯导线可比铜芯导线大一个规格，交联聚乙烯绝缘可选用小一档规格，耐火电线电缆则应选较大规格。

（2）本表计算容量是以三相380V、$\cos\phi = 0.85$为基准，若单相220V、$\cos\phi = 0.85$，容量则应 ×1/3。

（3）当环境温度较高或采用明敷方式等，其安全载流量都会下降，此时应选用较大规格；当用于频繁起动电机时，应选用大 2～3 个规格。

（4）本表聚氯乙烯绝缘电线按单根架空敷设方式计算，若为穿管或多根敷设，则应选用大 2～3 个规格。

（5）以上数据仅供参考，最终设计和确定电缆的型号和规格应参照有关专业资料或电工手册。

2. 电线电缆的运输和保管

（1）运输中严禁从高处扔下电缆或装有电缆的电缆盘，特别是在较低温度时（一般为5℃左右及以下），扔、摔电缆将有可能导致绝缘、护套开裂。

（2）尽可能避免在露天以裸露方式存放电缆，电缆盘不允许平放。

（3）吊装包装件时，严禁几盘同时吊装。在车辆、船舶等运输工具上，电缆盘要用合适方法加以固定，防止互相碰撞或翻倒，以防止机械损伤电缆。

（4）电缆严禁与酸、碱及矿物油类接触，要与这些有腐蚀性的物质隔离存放.贮存电缆的库房内不得有破坏绝缘及腐蚀金属的有害气体存在。

（5）电缆在保管期间，应定期滚动（夏季3个月一次，其他季节可酌情延期）。滚动时，将向下存放盘边滚翻朝上，以免底面受潮腐烂。存放时要经常注意电缆封头是否完好无损。

（6）电缆贮存期限以产品出厂期为限，一般不宜超过一年半，最长不超过二年。

3. 电线电缆的安装与施工

电线电缆敷设安装的设计和施工应按 GB 50217-94《电力工程电缆设计规范》等有关规定进行，并采用必要的电缆附件（终端和接头）。供电系统运行质量、安全性和可靠性不仅与电线电缆本身质量有关，还与电缆附件和线路的施工质量有关。

通过对线路故障统计分析，由于施工、安装和接续等因素造成的故障往往要比电线电缆本体缺陷造成的故障可能性大得多。因此要正确地选用电线电缆及配套附件，除按规范要求进行设计和施工外，还应注意如下几个方面的问题：

（1）电缆敷设安装应由有资格的专业单位或专业人员进行，不符合有关规范规定要求的施工和安装，有可能导致电缆系统不能正常运行。

（2）人力敷设电缆时，应统一指挥控制节奏，每隔1.5~3米有一人肩扛电缆，边放边拉，慢慢施放。

（3）机械施放电缆时，一般采用专用电缆敷设机并配备必要牵引工具，牵引力大小适当、控制均匀，以免损坏电缆。

（4）施放电缆前，要检查电缆外观及封头是否完好无损，施放时注意电缆盘的旋转方向，不要压扁或刮伤电缆外护套，在冬季低温时切勿以摔打方式来校直电缆，以免绝缘、护套开裂。

（5）敷设时电缆的弯曲半径要大于规定值。在电缆敷设安装前、后用1000V兆欧表测量电缆各导体之间绝缘电阻是否正常，并根据电缆型号规格、长度及环境温度的不同对测量结果作适当地修正，小规格（10mm^{2}以下实心导体）电缆还应测量导体是否通断。

（6）电缆如直埋敷设，要注意土壤条件，一般建筑物下电缆的埋设深度不小于0.3米，较松软的或周边环境较复杂的，如耕地、建筑施工工地或道路等，要有一定的埋设深度（0.7~1米），以防直埋电缆受到意外损害，必要时应竖立明显的标志。

第二节 变压器的选择

变压器是由初级线圈、次级线圈、铁芯和外壳等构成的改变交流电压的装置，是配电环节必不可少的构件。变压器主要功能体现在电压变换、电流变换、阻抗变换、隔离等等，又根据用途的不同分为多种类型，与电力系统和配电装置密不可分。变压器的安装影响着其后续工作情况，也对配电工作的安全进行产生影响，所以在选择和安装变压器时要多加注意。

一、电力变压器的分类

电力变压器类型较多，可按电力变压器的相数、调压方式、绕组形式、绕组绝缘及冷却方式、连接组标号等进行分类。

电力变压器按相数可分为单相和三相两种。

电力变压器按调压方式可分为有无载调压和有载调压两种。

电力变压器按绕组形式可分为双绕组变压器、三绕组变压器和自耦变压器。

电力变压器按绕组绝缘及冷却方式分，有油浸式、干式和充气式（SF6）等。油浸式变压器的冷却方式有自冷式、风冷式、水冷式和强迫油循环冷却方式等。干式变压器的冷却方式有自冷式和风冷式两种，采用风冷式可提高干式变压器的过载能力。

配电变压器按连接组标号分，常见的有 Yyn0 和 Dyn11 两种。Dyn11 变压器相对于 Yyn0 变压器具有以下优点：

1）低压侧单相接地短路电流大，有利于低压侧单相接地短路故障的切除；

2）承受单相不平衡负荷的负载能力强；

3）高压侧三角形接线有利于抑制 3n 次谐波电流注入电网。所以，在 TN 及 TT 系统接地形式的低压电网中，Dyn11 变压器得到越来越广泛的应用。另外，考虑到防雷方面的要求，对多雷地区及土壤电阻率较高的地区，宜选用 Yzn11 型变压器。

电力变压器的基本结构，包括铁心和一、二次绕组两大部分。新型的 S11-M.R 三相卷铁心全密封配电变压器在结构和材料上有较大改进，其主要特点是其铁心由晶态取向优质冷轧硅钢片卷制经退火而成，减少了传统铁心的接缝气隙，噪声明显下降，其空载损耗比 S9 型产品平均下降 30%。

二、电力变压器的容量和过负荷能力

1. 电力变压器的额定容量和实际容量

电力变压器的额定容量即在规定的环境温度条件下，在规定的使用年限内所能连续输出地最大视在功率。电力变压器的使用年限，主要取决于变压器绕组绝缘材料的寿命，与电力变压器运行时各部分的温度有直接的联系。在运行中如果长期超过允许的温升，绝缘老化的速度就会加快，即使当时不发生绝缘损坏事故，其寿命也会大大缩短。电力变压器使用的绝缘材料按其耐热能力分为 5 级。

如果变压器的过负荷倍数和过负荷时间超过允许值，则应按规定减少变压器的负荷。

三、变压器的选择

1. 变压器型号的选择

变压器型号的选择对于配电工程的质量和稳定性有十分重要的影响。根据不同的线路的负荷、分布、大小等等具体情况，再结合配电线路建设的具体要求，进行变压器型号的具体选择。在配电工程的建设中，尤其在我国的传统配电工程建设，经常出现变压器型号不符合电路运行科学计算的问题，对配电线路当中不稳定因素以及能源的浪费是一种普遍存在的现象。但是随着目前在电力技术上不断取得突破以及对变压器新型号的不断深入开发和研究，这一问题已经越来越便于解决。

2. 合理安排变压器位置

变压器位置的选择影响着线路运行状态和电压输送的质量。故而在选择变压器位置时，要从具体情况出发，结合实际具体选择，最大限度地保证工程投资以及导线的损耗。城乡在关于电力系统配置和变压器需求等方面的要求是不一样的，比如在农村建设配电工程时，就应该按照"短半径、密布点、小容量"的原则来具体选择变压器的安装位置。当变成城市安装变压器时，就要保证城市人口密集的地段在150m以下，市区在250m以下，而且还要确保电路末端电压降小于百分之四。配电变压器大部分情况下应该安装在其供电范围的负荷中心，并且要满足线路末端电压质量的要求，从而达到降低线路和用电设备损坏的目的。

四、变压器安装要点

1. 变压器整体安装和定位

在变压器定位的时候，最重要的就是要进行精准的测量定位。由于变压器的体积，通常使用大型的起吊机对变压器进行起吊搬运和安装，室内安装变压器位置的要求比较多，变压器在横向上距离墙体应该控制在700~800mm之间，与门的距离应该控制在800~1000mm之间，这是必须完成的要求。在变压器台架的安装过程中，要保持两杆的间距在2~2.5m之间。台架距离地面需要达到2.7m的高度，平面坡度要求不大于1/100，特别注裸露带电部分与周围建筑物水平安全距离要大于5米以上，配电变压器在安装到2条槽钢中时，底部要放置两根枕木。

2. 熔断器的安装要点

熔断器是指当电流超过规定值时，以本身产生的热量使熔体熔断，断开电路的一种电器。熔断器作用自身快速熔断特性，从而对电流以及配电装置进行保护，是一种应用十分广泛的电力保护装置。为了使配电系统中变压器安装操作中熔断的熔丝管顺利跌落，应当使跌落式熔断器的轴线和垂直线角度保持在15°到30°之间。在位置要求上，低压侧熔断器的高度和地面垂直距离应该大于3.5m，在每个熔断器之间，保持大于0.2m的水平距离。保证变压器内部或高低压出线管发生短路的时候，熔断器可以快速熔断保障线路安全。

3. 变压器台架的质量控制措施

在安装台架式的配电变压器时，变压器安装在有一般除尘排风口的厂房附近时，其距离不应小于 5m，并且 10kV 及以下变压器的外廓与周围栅栏或围墙之间的距离应考虑变压器运输与维修的方便，距离不应小于 1m；在有操作的方向应留有 2m 以上的距离；若采用金属栅栏，金属栅栏应接地，并在明显部位悬挂警告牌。要保证其最大的容量不可以大于 400kva，台架的杆之间的距离，也保证在 2.5m 宽，台架上的变压器不可以有幅度过大的倾斜，应该控制在 30mm 以内。在台架的建设上，水平方面倾斜的程度关系着台架的稳定和变压器的安全，所以要使竖直方向的倾斜程度不超过百分之一。台架搭建之后，还要注意防尘罩设施的安装，做好变压器的防尘工作。

4. 安装避雷器的安装和控制措施

变压器避雷器的安装也是很重要的一个部分，需要选择保护特性比较稳定的金属氧化物避雷器作为配电变压器的避雷器。在变压器和避雷器的距离问题上，要保持大于 0.5m，一旦小于 0.5m，就会导致停电影响到避雷器的维修，同时还在保护变压器瓷套管有一定好处。当低压变压器安装低压避雷器时，要避免低压侧雷电波和反变换波的入侵，防止从而产生的总计量装置以及变压器的损坏。在避雷器的接地端连接线截面上，也要选择大于 25mm^2 多股铜芯塑料线，这样可以最大限度地避免由于避雷器残压同接地电阻上压降叠加，起到对变压器的保护作用。

第三节　互感器的选择

互感器是电力系统中供测量和保护用的重要设备，分为电流互感器和电压互感器两大类，它们的功能是把线路上的高电压变换成低电压（100V），把线路上的大电流变换成小电流（5A），以便于各种测量仪表和继电保护装置使用。互感器的作用是：

1）与测量仪表配合，对线路的电压、电流、电能进行测量，与继电器配合，对电力系统和设备进行过电压、过电流、过负载和单相接地等保护；

2）使测量仪表继电保护装置和线路的高电压隔开，保证操作人员和设备的安全；

3）将电压和电流变换成统一的标准值，以利于仪表和继电器标准化。

互感器的原理和变压器相似。TA 和 TV 表示电流互感器和电压互感器，A，V 分别表示电流表和电压表；I> 和 U> 分别表示电流继电器和电压继电器，WH 表示电能表。可知，电流互感器是串联在线路中运行的，而电压互感器是并联在线路中运行的。在使用中应根据测量和保护的具体情况正确地选择和使用电压互感器和电流互感器。

一、电流互感器的选择

1. 电流互感器的额定频率应与应用线路电流的频率相一致。如不一致，就不能准确反映实际电流大小，或发生事故。

2. 根据被应用线路的电压等级，选择电流互感器的额定电压，这样才能保护人员和设备的安全使用，绝对不能把额定电压低的电流互感器安装使用在电压等级比它高的线路中使用。但电流互感器的额定电压高可以使用在低于额定电压的线路中。

3. 根据使用线路的电流大小，选择电流互感器的一次额定电流，互感器的二次额定电流一般为5A。电流互感器的一次额定电流应等于或大于使用线路的电流，若一次线路的电流大小是变化的，则变化的范围应在10%~120%的额定电流之间，否则就最好选用多变比电流互感器，因小于10%时误差太大，大于120%时有可能烧坏电流互感和线路设备等。

4. 根据电流互感器二次侧所接仪表和连接导线阻抗，选择互感器的额定负荷和功率因数。在单相线路中，电流互感器的二次负荷，就是互感器二次侧所接仪表内阻抗，连接导线和接触电阻的阻抗之和。应选用额定负荷等于或稍大于以上阻抗和，并且功率因数相近的在1~0.8之间的电流互感器，在用互感器测量三相功率的线路中，而互感器的实际二次负荷应按有关公式计算，选择电流互感器额定负荷比计算值稍大，并选其中一相互感器的功率因数为0.8，另一相互感器的功率因数为1~0.8。

如果互感器二次侧所接仪表和连接导线可变，则变动范围应在电流互感器的额定负荷与下限负荷之间，因为当电流互感器的二次负荷大于额定负荷或小于下限负荷时，互感器的准确度无法保证。

5. 如果是用来扩大电流表或者说其他仪表电流线圈的量程的电流互感器，其准确度要比电压表或电压线圈的精度要高1.0~2.0级；用来扩大功率表量程的电流互感器，其准确度应不低于1.0级，用来扩大电度表量程的，其准确度应不低于0.5级。标准电流互感器的准确度等级应比被检定电流互感器的精度高2级，且不低于0.2级，且两互感器的电流比相同。

6. 电流互感器在运行中严禁二次侧开路，因开路时二次侧电流就全部为激磁电流，导致激磁电流急速增加，铁心急速饱和，线圈感应电动势净值剧增，可能击穿互感器绝缘，引起人身和设备事故，因此，电流互感器二次侧应装有开路保护装置，在高电压下装置若击穿，二次侧将会短路，并在互感器外壳上设置警示标志。

对于多变化的电流互感器，在使用中只能选用其中一个变比，即一个一次线圈和相应的一个二次线圈，其他线路线圈开路，对于多次级的电流互感器，两个或三个次级可同时使用，各自接相应的二次负荷，只用一个次级时，不用的次级短路。

二、电压互感器的选择

1. 电压互感器的额定频率应与使用线路的频率一致。如不一致，就不能准确反映实际电压大小，或发生事故。

2. 根据被使用线路电压，选择电压互感器一次额定电压。二次额定电压一般为100V。

电压互感器和电流检测仪表在其额定值附近误差最小，因此，电压互感器的一次额定电压应等于或稍大于被检测线路电压值，二次额定电压应等于检测仪表的额定电压。若线路电压的大小是变化的，则变化范围应在85%~115%（0.5级电压互感器）或20%~120%（0.2级及以上的电压互感器），额定电压范围内，否则就要选用多变化的电压互感器。

3. 根据电压互感器二次侧所接仪器的导纳，选择使用电压互感器的额定负荷和功率因数。应选用额定负荷等于或稍大于实际负荷导纳，且功率因数相近的（1~0.8）电压互感器。

如果二次负荷的大小变化，则变动应在电压互感器的额定负荷与下限负荷之间，因为当电压互感器二次负荷大于额定负荷或小于下限负荷时，互感器准确度不能保证，对于仪表使用的电压互感器，当二次负荷比额定负荷增大一倍时，互感器的准确度将下降一个等级。

4. 如果是用来扩大电压表或仪表电压线圈的量程的电压互感器，其准确度等级应比电压表或电压线圈的精度等级高1.0~2.0级，用来扩大功率表量程的电压互感器，其准确度应不低于1.0级，用来扩大电度表量程的其准确度应不低于0.5级，标准电压互感的准确度等级应比被检定的电压互感器高2级，且不低于0.2级。且两互感器的电压比一般应相同。

5. 电压互感器在运行中严禁短路，一旦发生短路，将烧毁互感器，在多变比的仪器用电压互感器中，只能选用一个一次线圈和一个二次线圈组成一个电压比，其他线圈必须开路。

6. 电力系统使用的电压互感器，在高压中性点不直接接地系统中，线路对地电容与中性点接地的电压互感器并联，当系统运行状态发生突变时，可能发生并联谐振，由于电压互感器铁芯饱和，谐振过电压不会太高，但是在发生分频谐振时，频率底，铁芯磁通密度很高，可能产生很大的激磁电流烧坏互感器，为了防止铁芯谐振的方法是在电压互感器的开口三角端子上或一次线圈中性点接入适当的阻尼电阻。

第四节　高压电器与低压电器的选择安装

一、高压电器的选择安装

（一）高压电器的选择

1. 高压电气设备选择的一般条件和原则

为了保障高压电气设备的可靠运行，高压电气设备选择与校验的一般条件有：按正常工作条件包括电压、电流、频率、开断电流等选择；按短路条件包括动稳定、热稳定校验；按环境工作条件如温度、湿度、海拔等选择。

由于各种高压电气设备具有不同的性能特点，选择与校验条件不尽相同，高压电气设备的选择与校验项目见表 2-4-1。

表 2-4-1 高压电气设备的选择与校验项目

设备名称	额定电压	额定电流	开断能力	短路电流校验		环境条件	其他
				动稳定	热稳定		
断路器	√	√	√	○	○	○	操作性能
负荷开关	√	√	√	○	○	○	操作性能
隔离开关	√	√		○	○	○	操作性能
熔断器	√	√	√			○	上、下级间配合
电流互感器	√	√		○	○	○	
电压互感器	√					○	二次负荷、准确等级
支柱绝缘子	√			○		○	二次负荷、准确等级
穿墙套管	√	√		○	○	○	
母线		√		○	○	○	
电缆	√	√			○	○	

注：表中"√"为选择项目，"○"为校验项目。

（1）按正常工作条件选择高压电气设备

1）额定电压和最高工作电压

高压电气设备所在电网的运行电压因调压或负荷的变化，常高于电网的额定电压，故所选电气设备允许最高工作电压 U_{alm} 不得低于所接电网的最高运行电压。一般电气设备允许的最高工作电压可达 $1.1 \sim 1.15U_N$，而实际电网的最高运行电压 U_{sm} 一般不超过 $1.1UNs$，因此在选择电气设备时，一般可按照电气设备的额定电压 U_N 不低于装置地点电网额定电压 U_{Ns} 的条件选择，即

$$U_N \geq U_{Ns}$$

2）额定电流

电气设备的额定电流 I_N 是指在额定环境温度下，电气设备的长期允许通过电流。I_N 应不小于该回路在各种合理运行方式下的最大持续工作电流 I_{max}，即

$$I_N \geq I_{max}$$

计算时有以下几个应注意的问题：

①由于发电机、调相机和变压器在电压降低 5% 时，出力保持不变，故其相应回路的 I_{max} 为发电机、调相机或变压器的额定电流的 1.5 倍；

②若变压器有过负荷运行可能时，I_{max} 应按过负荷确定（1.3~2 倍变压器额定电流）；

③母联断路器回路一般可取母线上最大一台发电机或变压器的 I_{max}；

④出线回路的 I_{max} 除考虑正常负荷电流（包括线路损耗）外，还应考虑事故时有其他回路转移过来的负荷。

3）按环境工作条件校验

在选择电气设备时，还应考虑电气设备安装地点的环境（尤须注意小环境）条件，当气温、风速、温度、污秽等级、海拔高度、地震烈度和覆冰厚度等环境条件超过一般电气设备使用条件时，应采取措施。例如：当地区海拔超过制造部门的规定值时，由于大气压力、空气密度和湿度相应减少，使空气间隙和外绝缘的放电特性下降，一般当海拔在 1000~3500m 范围内，若海拔比厂家规定值每升高 100m，则电气设备允许最高工作电压要下降 1%。当最高工作电压不能满足要求时，应采用高原型电气设备，或采用外绝缘提高一级的产品。对于 110kV 及以下电气设备，由于外绝缘裕度较大，可在海拔 2000m 以下使用。

当污秽等级超过使用规定时，可选用有利于防污的电瓷产品，当经济上合理时可采用屋内配电装置。

当周围环境温度 θ_0 和电气设备额定环境温度不等时，其长期允许工作电流应乘以修正系数 K，即

$$I_{al\theta} = KI_N = \sqrt{\frac{\theta_{max} - \theta_0}{\theta_{max} - \theta_N}} I_N$$

我国目前生产的电气设备使用的额定环境温度 $\theta_N = 40℃$。如周围环境温度 θ_0 高于 40℃（但低于 60℃）时，其允许电流一般可按每增高 1℃，额定电流减少 1.8% 进行修正，当环境温度低于 40℃时，环境温度每降低 1℃，额定电流可增加 0.5%，但其最大电流不得超过额定电流的 20%。

（2）按短路条件校验

1）短路热稳定校验

短路电流通过电气设备时，电气设备各部件温度（或发热效应）应不超过允许值。满足热稳定的条件为

$$I_t^2 t \geq I_\infty^2 t_{dz}$$

式中：It—由生产厂给出的电气设备在时间 t 秒内的热稳定电流。

I∞—短路稳态电流值。t—与 It 相对应的时间。

tdz—短路电流热效应等值计算时间。

2）电动力稳定校验

电动力稳定是电气设备承受短路电流机械效应的能力，也称动稳定。满足动稳定的条件为

$$i_{es} \geq i_{ch} \text{ 或 } I_{es} \geq I_{ch}$$

式中 ich、Ich—短路冲击电流幅值及其有效值；

ies、Ies——电气设备允许通过的动稳定电流的幅值及其有效值。

下列几种情况可不校验热稳定或动稳定：

①用熔断器保护的电器，其热稳定由熔断时间保证，故可不校验热稳定。

②采用限流熔断器保护的设备，可不校验动稳定。

③装设在电压互感器回路中的裸导体和电气设备可不校验动、热稳定。

3）短路电流计算条件

为使所选电气设备具有足够的可靠性、经济性和合理性，并在一定时期内适应电力系统发展的需要，作校验用的短路电流应按下列条件确定。

①容量和接线按本工程设计最终容量计算，并考虑电力系统远景发展规划（一般为本工程建成后 5~10 年）；其接线应采用可能发生最大短路电流的正常接线方式，但不考虑在切换过程中可能短时并列的接线方式（如切换厂用变压器时的并列）。

②短路种类一般按三相短路验算，若其他种类短路较三相短路严重时，则应按最严重的情况验算。

③计算短路点选择通过电器的短路电流为最大的那些点为短路计算点。

4）短路计算时间

校验热稳定的等值计算时间 t_{dz} 为周期分量等值时间 t_z 及非周期分量等值时间 t_{fz} 之和，对无穷大容量系统，，显然 t_z 按和短路电流持续时间相等，按继电保护动作时间 t_{pr} 和相应断路器的全开断时间 tab 之和，即

$t_z = t_b + t_{kd}$

而 $t_{kd} = t_{gf} + t_h$

式中 t_{kd}—断路器全开断时间；

t_d—保护动作时间；

t_{gf}—断路器固有分闸时间；

t_h—断路器开断时电弧持续时间，对少油断路器为 0.04~0.06s，对 SF6 和压缩空气断路器约为 0.02~0.04s。

开断电器应能在最严重的情况下开断短路电流，考虑到主保护拒动等原因，按最不利情况，取后备保护的动作时间。

2. 高压断路器、隔离开关、重合器和分段器的选择

（1）高压断路器的选择

高压断路器选择及校验条件除额定电压、额定电流、热稳定、动稳定校验外，还应注意以下几点：

1）断路器种类和型式的选择

高压断路器应根据断路器安装地点、环境和使用条件等要求选择其种类和型式。由于少油断路器制造简单、价格便宜、维护工作量较少，故在 3~220kV 系统中应用较广，但近年来，真空断路器在 35kV 及以下电力系统中得到了广泛应用，有取代油断路器的趋势。SF6 断路器也已在向中压 10~35kV 发展，并在城乡电网建设和改造中获得了应用。

高压断路器的操动机构，大多数是由制造厂配套供应，仅部分少油断路器有电磁式、弹簧式或液压式等几种型式的操动机构可供选择。一般电磁式操动机构需配专用的直流合闸电源，但其结构简单可靠；弹簧式结构比较复杂，调整要求较高；液压操动机构加工精度要求较高。操动机构的型式，可根据安装调试方便和运行可靠性进行选择。

2）额定开断电流选择

在额定电压下，断路器能保证正常开断的最大短路电流称为额定开断电流。高压断路器的额定开断电流 I_{Nbr}，不应小于实际开断瞬间的短路电流周期分量 I_{zt}，即

$$I_{Nbr} \geq I_{zt}$$

当断路器的 I_{Nbr} 较系统短路电流大很多时，为了简化计算，也可用次暂态电流 I'' 进行选择即

$$I_{Nbr} \geq I''$$

我国生产的高压断路器在做型式试验时，仅计入了 20% 的非周期分量。一般中、慢速断路器，由于开断时间较长（> 0.1s），短路电流非周期分量衰减较多，能满足国家标准规定的非周期分量不超过周期分量幅值 20% 的要求。使用快速保护和高速断路器时，其开断时间小于 0.1s，当在电源附近短路时，短路电流的非周期分量可能超过周期分量的 20%，因此需要进行验算。短路全电流的计算方法可参考有关手册，如计算结果非周期分量超过 20% 时，订货时应向制造部门提出要求。

装有自动重合闸装置的断路器，当操作循环符合厂家规定时，其额定开断电流不变。

3）短路关合电流的选择

在断路器合闸之前，若线路上已存在短路故障，则在断路器合闸过程中，动、静触头间在未接触时即有巨大的短路电流通过（预击穿），更容易发生触头熔焊和遭受电动力的损坏。且断路器在关合短路电流时，不可避免地在接通后又自动跳闸，此时还要求能够切断短路电流，因此，额定关合电流是断路器的重要参数之一。为了保证断路器在关合短路时的安全，断路器的额定关合电流 i_{Ncl} 不应小于短路电流最大冲击值 i_{ch}，即

$$i_{Ncl} \geq i_{ch}$$

（2）隔离开关的选择

隔离开关选择及校验条件除额定电压、额定电流、热稳定、动稳定校验外，还应注意其种类和形式的选择，尤其屋外式隔离开关的型式较多，对配电装置的布置和占地面积影响很大，因此其型式应根据配电装置特点和要求以及技术经济条件来确定。

表 2-4-2　隔离开关选型参考表

使用场合		特点	参考型号
屋内	屋内配电装置成套高压开关柜	三级，10kV以下	GN2，GN6，GN8，GN19
	发电机回路，大电流回路	单极，大电流3000~13000A	GN10
		三级，15kV，200~600A	GN11
		三级，10kV，大电流2000~3000A	GN18，GN22，GN2
		单极，插入式结构，带封闭罩 20kV，大电流10000~13000A	GN14
屋外	220kV及以下各型配电装置	双柱式，220kV及以下	GW4
	高型，硬母线布置	V型，35~110kV	GW5
	硬母线布置	单柱式，220~500 kV	GW6
	20kV及以上中型配电装置	三柱式，220~500 kV	GW7

（3）重合器和分段器的选择

1）重合器的选择

选用重合器时，要使其额定参数满足安装地点的系统条件，具体要求有：

①额定电压

重合器的额定电压应等于或大于安装地点的系统最高运行电压。

②额定电流

重合器的额定电流应大于安装地点的预期长远的最大负荷电流。除此，还应注意重合器的额定电流是否满足触头载流、温升等因素而确定的参数。为满足保护配合要求，还应选择好串联线圈和电流互感器的额定电流。通常，选择重合器额定电流时留有较大的裕度。

选择串联线圈时应以实际预期负荷为准。

③确定安装地点最大故障电流。

重合器的额定短路开断电流应大于安装地点的长远规划最大故障电流。

④确定保护区域末端最小故障电流

重合器的最小分闸电流应小于保护区段最小故障电流。对液压控制重合器，这主要涉及选择串联线圈额定电流问题：电流裕度大时，可适应负荷的增加并可避免对涌流过于敏感；而电流裕度小时，可对小故障电流反应敏感。有时，可将重合器保护区域的末端直接选在故障电流至少为重合器最小分闸电流的 1.5 倍处，以保证满足该项要求。

⑤与线路其他保护设备配合

这主要是比较重合器的电流—时间特性曲线，操作顺序和复归时间等特性，与线路上其他重合器、分段器、熔断器的保护配合，以保证在重合器后备保护动作或在其他线路元件发生损坏之前，重合器能够及时分断。

2）分段器的选择

选用分段器时，应注意以下问题：

①启动电流

分段器的额定启动电流应为后备保护开关最小分闸电流的 80%。当液压控制分段器与液压控制重合器配合使用时，分段器与重合器选用相同额定电流的串联线圈即可。因为液压分段器的启动电流为其串联线圈额定电流的 1.6 倍，而液压重合器的最小分闸电流为其串联线圈额定电流的 2 倍。

电子控制分段器的启动电流可根据其额定电流直接整定，但必须满足上述"80%"原则。电子重合器整定值为实际动作值，应考虑配合要求。

②记录次数

分段器的计数次数应比后备保护开关的重合次数少一次。当数台分段器串联使用时，负荷侧分段器应依次比其电源侧分段器的计数次数少一次。在这种情况下，液压分段器通常不用降低其启动电流值的方法来达到各串联分段器之间的配合，而是采用不同的计数次数来实现，以免因网络中涌流造成分段器误动。

③记忆时间

必须保证分段器的记忆时间大于后备保护开关动作的总累积时间，否则分段器可能部分地"忘记"故障开断的分闸次数，导致后备保护开关多次不必要的分闸或分段器与前级保护都进入闭锁状态，使分段器起不到应有的作用。

液压控制分段器的记忆时间不可调节，它由分闸活塞的复位快慢所决定。复位快慢又与液压机构中油黏度有关。

3. 高压熔断器的选择

高压熔断器按额定电压、额定电流、开断电流和选择性等项来选择和校验。

（1）额定电压选择

对于一般的高压熔断器，其额定电压 U_N 必须大于或等于电网的额定电压 U_{Ns}。但是对于充填石英砂有限流作用的熔断器，则不宜使用在低于熔断器额定电压的电网中，这是因为限流式熔断器灭弧能力很强，在短路电流达到最大值之前就将电流截断，致使熔体熔断时因截流而产生过电压，其过电压倍数与电路参数及熔体长度有关，一般在 $U_{Ns}=U_N$ 的电网中，过电压倍数约 2~2.5 倍，不会超过电网中电气设备的绝缘水平，但如在 $U_{Ns} < U_N$ 的电网中，因熔体较长，过电压值可达 3.5~4 倍相电压，可能损害电网中的电气设备。

（2）额定电流选择

熔断器的额定电流选择，包括熔管的额定电流和熔体的额定电流的选择。

1）熔管额定电流的选择

为了保证熔断器载流及接触部分不致过热和损坏，高压熔断器的熔管额定电流应满足式 $I_{Nft} \geq I_{Nfs}$ 的要求，

式中 I_{Nft}—熔管的额定电流；I_{Nfs}—熔体的额定电流

2）熔体额定电流选择

为了防止熔体在通过变压器励磁涌流和保护范围以外的短路及电动机自启动等冲击电流时误动作，保护 35kV 及以下电力变压器的高压熔断器，其熔体的额定电流可按式 $I_{Nfs}=K_{Imax}$ 选择，

式中 K— 可靠系数（不计电动机自启动时 K=1.1~1.3，考虑电动机自启动时 K=1.5~2.0）；

I_{max}—电力变压器回路最大工作电流。

用于保护电力电容器的高压熔断器的熔体，当系统电压升高或波形畸变引起回路电流增大或运行过程中产生涌流时不应误熔断，其熔体按下式选择，即

$I_{Nfs}=K_{INc}$

式中 K—可靠系数（对限流式高压熔断器，当一台电力电容器时 K=1.5~2.0，当一组电力电容器是 K=1.3~1.8）；INc 一电力电容器回路的额定电流。

（3）熔断器开断电流校验

$I_{Nbr} \geq I_{ch}$（或 I''）

式中 INbr—熔断器的额定开断电流

对于没有限流作用的熔断器，选择时用冲击电流的有效值 I_{ch} 进行校验；对于有限流作用的熔断器，在电流达最大值之前已截断，故可不计非周期分量影响，而采用 I'' 进行校验。

（4）熔断器选择性校验

为了保证前后两级熔断器之间或熔断器与电源（或负荷）保护装置之间动作的选择性，应进行熔体选择性校验。各种型号熔断器的熔体熔断时间可由制造厂提供的安秒特性曲线上查出。

对于保护电压互感器用的高压熔断器，只需按额定电压及断流容量两项来选择。

4. 支柱绝缘子和穿墙套管的选择

（1）绝缘子简介

绝缘子俗称为绝缘瓷瓶，它广泛地应用在发电厂和变电所的配电装置、变压器、各种电器以及输电线之中。用来支持和固定裸载流导体，并使裸导体与地绝缘，或者用于使装置和电气设备中处在不同电位的载流导体间相互绝缘。因此，要求绝缘子必须具有足够的电气绝缘强度、机械强度、耐热性和防潮性等等。

绝缘子按安装地点，可分为户内（屋内）式和户外（屋外）式两种。

按结构用途可分为支持绝缘子和套管绝缘子。

1）支柱绝缘子

支柱绝缘子又分为户内式和户外式两种。户内式支柱绝缘子广泛应用在 3~110kV 各种电压等级的电网中。

①户内式支柱绝缘子

户内式支柱绝缘子可分为外胶装式、内胶装式及联合胶装式等三种。

②户外式支柱绝缘子

户外支柱绝缘子有针式和实心棒式两种。

2）套管绝缘子

套管绝缘子简称为套管。套管绝缘子按其安装地点可分户内式和户外式两种。

①户内式套管绝缘子

户内式套管绝缘子根据其载流导体的特征可分为以下三种型式：采用矩形截面的载流体、采用圆形截面的载流导体和母线型。前两种套管载流导体与其绝缘部分制作成一个整体，使用时由载流导体两端与母线直接相连。而母线型套管本身不带载流导体，安装使用时，将原载流母线装于该套管的矩形窗口内。

②户外式套管绝缘子

户外式套管绝缘子用于将配电装置中的户内载流导体与户外载流导体之间的连接处，例如线路引出端或户外式电器由接地外壳内部向外引出的载流导体部分。因此，户外式套管绝缘子两端的绝缘分别按户内外两种要求设计。

（2）支柱绝缘子及穿墙套管的选择

支柱绝缘子及穿墙套管的动稳定性应满足式 $I_{Nbr} \geq I_{ch}$（或 I''）的要求：

Fal > Fca

式中 Fal—支柱绝缘子或穿墙套管的允许荷重。

Fca—加于支柱绝缘子或穿墙套管上的最大计算力。

Fal 可按生产厂家给出的破坏荷重 Fdb 的 60% 考虑，即

Fal=0.6 Fdb（N）

Fca 即最严重短路情况下作用于支柱绝缘子或穿墙套管上的最大电动力，由于母线电

动力是作用在母线截面中心线上，而支持绝缘子的抗弯破坏荷重是按作用在绝缘子帽上给出的，二者力臂不等，短路时作用于绝缘子帽上的最大计算力为：

$$F_{ca} = \frac{H}{H_1} F_{max}(N)$$

式中 F_{max} ——最严重短路情况下作用于母线上的最大电动力。

H_1 ——支柱绝缘子高度（mm）。

H ——从绝缘子底部至母线水平中心线的高度（mm）。

B——母线支持片的厚度，一般竖放矩形母线 b=18mm；平放矩形母线 b=12mm。

F_{max} 的计算说明如下：

布置在同一平面内的三相母线，在发生短路时，支持绝缘子所受的力为

$$F_{max} = 1.73 i_{sh}^2 \frac{L_{ca}}{a} \times 10^{-7}$$

式中 a——母线间距（m）

L_{ca} ——计算跨距（m）。对母线中间的支持绝缘子，L_{ca} 取相邻跨距之和的一半。对母线端头的支持绝缘子，L_{ca} 取相邻跨距的一半，对穿墙套管，则取套管长度与相邻跨距之和的一半。

5.母线和电缆的选择

（1）母线的选择与校验

母线一般按①母线材料、类型和布置方式；②导体截面；③热稳定；④动稳定等项进行选择和校验；⑤对于 110kV 以上母线要进行电晕的校验；⑥对重要回路的母线还要进行共振频率的校验。

1）母线材料、类型和布置方式

①配电装置的母线常用导体材料有铜、铝和钢。铜的电阻率低，机械强度大，抗腐蚀性能好价格较贵。

②常用的硬母线截面有矩形、槽形和管形。矩形母线常用于 35kV 及以下、电流在 4000A 及以下的配电装置中。槽形母线机械强度好，载流量较大，集肤效应系数也较小，一般用于 4000~8000A 的配电装置中。管形母线集肤效应系数小，机械强度高，管内还可通风和通水冷却，因此，可用于 8000A 以上的大电流母线。

③母线的散热性能和机械强度与母线的布置方式有关

2）母线截面的选择

除配电装置的汇流母线及较短导体（20m 以下）按最大长期工作电流选择截面外，其余导体的截面一般按经济密度选择。

①按最大长期工作电流选择

母线长期发热的允许电流 I_{al}，应不小于所在回路的最大长期工作电流 I_{max}，即

$K_{Ial} \geq I_{max}$

式中 I_{al}—相对于母线允许温度和标准环境条件下导体长期允许电流；

K—综合修正系数，与环境温度和导体连接方式等有关。

②按经济电流密度选择

按经济电流密度选择母线截面可使年综合费用最低，年综合费用包括电流通过导体所产生的年电能损耗费、导体投资和折旧费、利息等。从降低电能损耗角度看，母线截面越大越好，而从降低投资、折旧费和利息的角度，则希望截面越小越好。综合这些因素，使年综合费用最小时所对应的母线截面称为母线的经济截面，对应的电流密度称为经济电流密度。

按经济电流密度选择母线截面按下式计算

$$S_{ec} = \frac{I_{max}}{J_{ec}}$$

式中 I_{max}—通过导体的最大工作电流；J_{ec}—经济电流密度

在选择母线截面时，应尽量接近按上式计算所得到的截面，当无合适规格的导体时，为节约投资，允许选择小于经济截面的导体。并要求同时满足式 $KI_{al} \geq I_{max}$ 的要求。

3）母线热稳定校验

按正常电流及经济电流密度选出母线截面后，还应按热稳定校验。按热稳定要求的导体最小截面为

$$S_{min} = \frac{I_{\infty}}{C} \sqrt{t_{dz} K_s}$$

式中 I_{∞}—短路电流稳态值（A）

K_s—集肤效应系数，对于矩形母线截面在 $100mm^2$ 以下，$K_s=1$。

t_{dz}—热稳定计算时间；C—热稳定系数

4）母线的动稳定校验

各种形状的母线通常都安装在支持绝缘子上，当冲击电流通过母线时，电动力将使母线产生弯曲应力，因此必须校验母线的动稳定性。

安装在同一平面内的三相母线，其中间相受力最大，即

$$F_{max} = 1.732 \times 10 - 7 K f i_{sh}^l \frac{1}{a} (N)$$

式中 Kf—母线形状系数，当母线相间距离远大于母线截面周长时，$Kf=1$。

l—母线跨距（m）；a—母线相间距（m）。

母线通常每隔一定距离由绝缘瓷瓶自由支撑着。因此当母线受电动力作用时，可以将母线看成一个多跨距载荷均匀分布的梁，当跨距段在两段以上时，其最大弯曲力矩为

$$M = \frac{F_{max} l}{10}$$

若只有两段跨距时，则

$$M = \frac{F_{max}l}{8}$$

式中 F_{max}————一个跨距长度母线所受的电动力（N）。

母线材料在弯曲时最大相间计算应力为

$$\sigma_{ca} = \frac{M}{W}$$

式中 W—母线对垂直于作用力方向轴的截面系数，又称抗弯矩（m³），其值与母线截面形状及布置方式有关。

要想保证母线不致弯曲变形而遭到破坏，必须使母线的计算应力不超过母线的允许应力，即母线的动稳定性校验条件为

$$\sigma_{ca} \leqslant \sigma_{al}$$

式中 σ_{al} 一母线材料的允许应力，对硬铝母线 σ_{al} =69MPa；对硬铜母线 σ_{al} =137MPa。

如果在校验时，$\sigma_{ca} \geqslant \sigma_{al}$，则必须采取措施减小母线的计算应力，具体措施有：将母线由竖放改为平放；放大母线截面，但会使投资增加；限制短路电流值能使 σ_{ca} 大大减小，但须增设电抗器；增大相间距离 a；减小母线跨距 1 的尺寸，此时可以根据母线材料最大允许应力来确定绝缘瓷瓶之间最大允许跨距，由式 $M = \frac{F_{max}l}{10}$ 和式 $\sigma_{ca} = \frac{M}{W}$ 可得

$$l_{max} = \sqrt{\frac{10\sigma_{al}W}{F_1}}$$

式中 F_1—单位长度母线上所受的电动力（N/m）

当矩形母线水平放置时，为避免导体因自重而过分弯曲，所选取的跨距一般不超过1.5~2m。考虑到绝缘子支座及引下线安装方便，常选取绝缘子跨距等于配电装置间隔的宽度。

（2）电缆的选择与校验

电缆的基本结构包括导电芯、绝缘层、铅包（或铝包）和保护层几个部分。按其缆芯材料分为铜芯和铝芯两大类。按其采用的绝缘介质分油浸纸绝缘和塑料绝缘两大类。

电缆制造成本高，投资大，但是具有运行可靠、不易受外界影响、不需架设电杆、不占地面、不碍观瞻等优点。

1）按结构类型选择电缆（即选择电缆的型号

根据电缆的用途、电缆敷设的方法和场所，选择电缆的芯数、芯线的材料、绝缘的种类、保护层的结构以及电缆的其他特征，最后确定电缆的型号。常用的电力电缆有油浸纸绝缘电缆、塑料绝缘电缆和橡胶电缆等。

2）按额定电压选择

可按照电缆的额定电压 UN 不低于敷设地点电网额定电压 UNs 的条件选择，即

$$U_n \geq U_{ns}$$

3）电缆截面的选择

一般根据最大长期工作电流选择，但是对有些回路，如发电机、变压器回路，其年最大负荷利用小时数超过 5000h，且长度超过 20m 时，应按经济电流密度来选择。

①按最大长期工作电流选择

电缆长期发热的允许电流 Ial，应不小于所在回路的最大长期工作电流 Imax，即

$$KI_{al} \geq I_{max}$$

式中 Ial——相对于电缆允许温度和标准环境条件下导体长期允许电流；

K——综合修正系数。

②按经济电流密度选择

按经济电流密度选择电缆截面的方法与按经济电流密度选择母线截面的方法相同，即

按下式计算：$$Sec = \frac{I_{max}}{J_{ec}}$$

按经济电流密度选出的电缆，还必须按最大长期工作电流校验。

按经济电流密度选出的电缆，还应决定经济合理的电缆根数，截面 S≤150mm² 时，其经济根数为一根。当截面大于 150mm² 时，其经济根数可按 S/150 决定。例如计算出 Sec 为 200mm²，选择两根截面为 120mm² 的电缆为宜。

为了不损伤电缆的绝缘和保护层，电缆弯曲的曲率半径不应小于一定值（例如，三芯纸绝缘电缆的曲率半径不应小于电缆外径的 15 倍）。为此，一般避免采用芯线截面大于 185mm² 的电缆。

4）热稳定校验

电缆截面热稳定的校验方法与母线热稳定校验方法相同。满足热稳定要求的最小截面可按下式求得

$$S_{min} = \frac{I_\infty}{C}\sqrt{t_{dz}}$$

式中 C——与电缆材料及允许发热有关的系数。

验算电缆热稳定的短路点按下列情况确定：

①单根无中间接头电缆，选电缆末端短路；长度小于 200m 的电缆，可选电缆首端短路。

②有中间接头的电缆，短路点选择在第一个中间接头处。

③无中间接头的并列连接电缆，短路点选在并列点后。

5）电压损失校验

正常运行时，电缆的电压损失应不大于额定电压的 5%，即

$$\Delta U\% = \frac{\sqrt{3}I_{\max}\rho L}{U_N S} \times 100\% \leqslant 5\%$$

式中 S—电缆截面（mm^2）

ρ—电缆导体的电阻率，铝芯 ρ =0.035mm^2/m（50℃）；铜芯 ρ =0.0206mm^2/m（50℃）。

（二）高压电器的安装

本工艺标准适用于 6~10KV 一般民用建筑高压电器的安装。

1. 施工准备

（1）材料及机具

1）材料：型钢、变压器油、钢板垫板、电力复合酯：一级、镀锌扁钢：-25×4、镀锌精制带帽螺栓：M12×100 以内 ~M 24×300 以内、六氟化硫、自黏性橡胶带：20mm×50m、枕木：2500×200×160、镀锌裸铜绞线：16mm^2、棉纱、铁砂布：0#—2#、电焊条：结 422φ3.2、汽油、镀锌铁丝：8#—12#、调和漆、防锈漆、锯条、焊锡丝、瓶装焊锡膏：50g、机油：5#—7#、氧气、乙炔气、双叉连接器：φ32、钢管：DN32、白纱带、青壳纸、橡胶垫：δ=2、石棉织布：δ=25、白布、滤油纸。

2）机具：汽车起重机（根据高压电器毛重选择）、载重汽车（根据高压电器毛重选择）、交流电焊机：21KVA、普通车床：φ400×1000、滤油机、叉车（根据高压电器毛重选择）、三角架、倒链、钢丝绳、台钻、砂轮切割机、滤油机、干燥机、绝缘摇表、万用表、水平仪（尺）、电调试验设备、仪器、仪表。

（2）作业条件

1）土建工程已基本施工完毕，已具备封闭条件，有损安装的装饰工程、高空作业项目已全部结束。

2）模板及施工设施已全部清除，现场已清理干净，运输畅通无阻，周边无影响施工的障碍物。

3）预埋铁件、构架已达到了允许安装的条件。并已办理中间交接手续（由安装单位自行施工除外）。

4）施工用的主辅料已备足，并由厂家或供应商提供的产品质量合格证书、产品合格证、材质检验合格证书（三证有一证即可）。

2. 操作工艺

（1）工艺流程

装卸、运输开箱检查保管预埋铁件、构架制作高压电器安装操作机构安装接地交接试验试运行前检查送电试运行交工验收。

（2）装卸运输

1）高压电器装卸、运输，不应有冲击和严重震动。

2）对高压瓷瓶及其他易损件要有防破碎措施。

3）运输必须叠放时，体积大，重量大的应置于下面，体积小，重量轻的放在上面，受压件必须在承重允许范围之内，否则不允许叠放，较大件不应叠放。

4）运输时必须捆扎牢靠。

5）远距离应使用载重汽车运输，近距离可用铲车、卷扬机、手推车运输。

6）高压电器在运输过程中要有防雨雪措施。

7）运输过程中最好保留原包装。

（3）开箱检查

1）高压电器运到施工现场后，应会同建设单位或供货单位共同开箱，按装箱清单逐件清点数量，并如实地做好记录。

2）根据装箱技术文件，核对高压电器铭牌。其型号、规格等应相符，并满足设计要求。

3）外观检查

①高压电器、操作机构及附件应无机械损伤，无锈蚀，贫油开关无渗油、漏油现象。

②贫油开关的油位指示应正常。

③高压电瓷瓶应无破损、裂纹。

④活动部件应操作灵活，无卡阻，弹簧装置应无松动、断裂现象。

⑤消弧件齐全，无变形、损坏，触头镀银层应无脱落。

（4）保管

1）高压电器应存放在干燥、通风的库房内保管，不具备上述条件时，除绝缘提升杆及绝缘备件外，可存放在能避雨、雪、风沙的料棚内。

2）具有牢固包装的可叠放保管，但受压件必须在承重允许范围内，否则不允许叠放。附件、备件可上料架保管。

3）成套进库的高压电器应成套保管，并有序地进行编号，以防混乱，保管中不应破坏原包装。

（5）预埋件构架制安

1）制作

①预埋件构架的形式及材质由工程设计决定。当无设计规定时，应由高压电器的几何尺寸和质量大小决定。

②所选用的型钢必须是经材质检验的合格品，已变形的应进行平直处理。

③平直后的型钢可根据设计要求或高压电器的几何尺寸进行下料，下料时严禁用电、气焊切割。

④预埋件构架组拼焊接时，应使用电焊，不宜使用气焊，以确保机械强度和防止变形。

⑤构架上的安装孔必须钻孔或冲孔，孔宜加工成椭圆形，以便于安装高压电器时能调

整，不允许用电、气焊割孔。

⑥构架、支架除锈时，应打磨出金属光泽，并涂刷防锈漆一道，调和漆两道。

2）安装

①直埋式安装：支架一端制成燕尾形直接埋于墙内。

②焊接式安装：支架直接焊在事先预埋好的铁件上。

③穿墙螺栓式安装：将支架固定在螺栓上。

④抱箍式安装：将支架固定在抱箍上。

⑤金属膨胀螺栓式安装：将支架用金属膨胀螺栓打孔固定。

⑥地脚螺栓式安装：将构架固定地脚螺栓上。

（2）高压电器安装一般工艺

1）安装前应对已安装好的构架进行如下检查：

①外观形状应做到横平竖直，有斜撑的应成45°角。

②安装高度应符合设计要求，安装孔应与高压电器底座孔（安装孔）相吻合，偏差不应大于2mm。机械强度应能满足所安装的高压电器的承重要求。

2）高压电器在安装前应进行清洁处理。属于工作在绝缘油内的部件上应用绝缘油冲洗干净（冲洗用的绝缘油标号应与高压器内的绝缘油相一致，且为合格品）。

3）解体包装的高压电器，组装时应严格按套组装，不得随意调换。

4）带油的高压电器必须进行密封检查，发现有漏油现象及时处理，但不得盲目的动用电、气焊。

5）根据高压电器的体积、重量、具体安装位置、周边环境，可选择相适应的吊装设备、机具、工具和其他辅助工具。

6）对于运行或操作过程中有震动的高压电器应安装防震装置。

7）在安装的过程中要重点保护好瓷件和其他易损件。

8）高压电器安装好后，需进行垂直度、水平度及其外观检查。调整时，垫片不允许超过三片。

9）由操作机构带动的可动部分应灵活、无卡阻现象。

10）高压电器的动、静触头接触时压紧弹簧的压力要适当，不可过紧或过松。

11）需要倾斜安装的高压电器，其倾斜角度应符合设计要求或规范要求。

（7）贫油断路器安装

1）吊装时应注意相序。

2）室外安装的瓷套应安装防雨套。

3）将组装后的少油断路器固定在支架或构架上。水平度、垂直度、间距应符合设计或规范要求。

4）调整各项水平连杆与机构的工作缸活塞杆确保在一条直线上，实现同步动作。

5）调整合闸保持弹簧，使之符合产品技术规定。

6）与操作机构配合，系统检查调整。

7）无论是在支架上还是构架上安装，必须使用镀锌螺栓，严禁使用焊接固定。

（8）手车式断路器安装

1）制作手车轨道的型钢材质必须合格，已变形的型钢必须平直后再下料制安。

2）手车轨道制安，应水平、平行，轨道与手车轮距应相吻合，轨道的长度及伸入柜中的深度应符合产品技术规定或设计要求。

3）手车轨道应安装牢固，不允许发生位移现象。

4）散件安装时，瓷瓶，互感器，隔离静触头，连接件等安装位置应正确。静触头安装中心线与手车触头中心线应相吻合。

5）电气和机械连锁装置，动作准确可靠，工作和试验位置定位准确可靠。

6）制动装置应牢固可靠，拆卸方便，不允许使用焊接固定。

7）手车操作应灵活、轻便，其接触行程和超行程应符合产品技术规定。

8）成排安装的同型号手车，应具有互换性。

（9）隔离开关、负荷开关、熔断器安装

1）隔离开关、负荷开关的相间距离不应大于 10mm，相间连杆应在同一水平线上，实现同步动作。

2）同一绝缘子柱的各绝缘子中心线应在同一垂直线上，各绝缘子间应连接牢固。

3）均压环安装应牢固。

4）操作时三相触头应保持同时接触，触头间净距及拉开角度应符合产品技术规定。

5）隔离开关、负荷开关的导电部分应符合下列规定：

①接触面应平整、清洁、无氧化膜并应薄涂一层中性凡士林，载流部分可挠性连接但不得有折损，表面应无严重的凹陷及锈蚀。

②触头应接触紧密，两侧的接触压力应均匀。

6）负荷开关合闸时主固定触头应可靠地与主刀刃接触，分闸时三相的灭弧刀刃应同时跳离固定灭弧触头。

7）负荷开关灭弧筒内产生气体的有机绝缘物应完整无裂纹。

（10）高压熔断器安装

1）熔丝管与钳口应接触紧密。

2）熔断动作指示器应置于易检查的位置。

3）自动跌落式熔断器，熔管轴线应与垂直线成 15°~30°角，转动部分应灵活，跌落时不应碰及其他物体而损坏熔管。

4）熔丝必须使用专用产品，不允许用其他金属丝替代，熔丝规格应符合设计要求，如无设计要求时应与被保护的设备或线路的载流量相匹配。

5）熔丝连接时不可过紧或过松，以免因拉断或卡不住而误动作，当使用普通熔丝（非专用熔丝）时，为防止拉断可与熔丝并列敷设一条白线绳以提高熔丝机械强度（当熔丝熔断时，电弧可将白线绳烧断）。

（11）避雷器安装

1）阀式避雷器安装垂直度应符合产品技术规定。

2）阀式避雷器的接线必须保证导电良好。

3）阀式避雷器需要调整时，可加垫金属片，其缝隙可用腻子抹平后涂以油漆。

4）均压环安装水平度应符合产品技术规定。

5）普通阀式避雷器安装时，同相组合元件间的非线性系数差值应符合"电气设备交接试验"相关规定。

（12）电容器安装

1）三相电容器的差值在安装时宜调配得越小越好，其最大、最小差值不应超过三相平均电容值的5%（设计另有要求除外）。

2）电容器安装时其铭牌应面向通道一侧，并按顺序编号。

3）电容器接线端子接线应压接紧密，接触良好，且横平竖直，排列整齐。

4）电容器的外壳与地不绝缘的和构架一起接地。电容器的外壳与地绝缘的应接到固定电位上。两种连接方式，各自都有必须实现等电位连接。

（13）操作机构安装

1）固定轴距地面高度为1m（设计另有要求除外）。

2）靠墙安装，手柄中心距侧墙不应小于0.4m（设计另有要求除外）。

3）侧墙安装，手柄中心距侧墙不应小于0.3m，手柄距带电部分距离不应小于1.2m（设计另有要求除外）。

4）操作机构无论是手动还是电动，拉合闸位置应准确，动作应可靠，反复动作后不变化。

5）操作机构的拉杆应平直，因需要必须弯曲时，弯曲部分应与原杆平行，弯制成鸭脖弯（等差弯）形状，且经弯曲后操作时不应有"死点"。

6）长拉杆或连接过长的拉杆应加装保护环，以防拉杆损坏或折断时，接触带电部分而引起事故。

7）操作机构的延长轴、轴承、联轴器、中间轴轴承及拐臂等安装位置要正确，固定要牢靠，定位螺钉应调整适当，并加以固定，防止传动机构出现死点。

8）手动操作机构安装后应调整到一个人在正常力量下能顺利地分、合闸。

9）操作机构与被操作的高压电器连接可靠、动作协调、准确到位。

（14）接地

1）高压电器、操作机构用的型钢支架、构架应使用镀锌圆钢或镀锌扁钢进行可靠接地。

2）高压电器、操作机构正常情况下不带电的金属部分均应用软铜线截面不小于10mm2的裸软铜线可靠接地。

3）凡需要做接地的部位不允许遗漏。

（15）贫油断路器解体检查、清洗

1）一般情况贫油开关不做解体检查。在开箱检查，安装前检查，以及电气试验中需要解体检查时，则必须进行解体检查。

2）放油，卸下断路器上盖、通气管，将油放出到事先准备好的干净容器内。

3）解体前应熟悉贫油断路器的组装情况，解体时周边环境应不潮湿，能防风沙、雨雪，并按顺序拆卸编号妥善放置。

4）在拆卸和组装过程中要注意保护好零部件，使之不受损，不丢失。

5）触头严禁用锉刀、砂纸打磨，或用粗布擦拭，保护好镀银层。

6）动触头上的铜钨合金应无裂纹、松动或脱焊现象。

7）检查动、静触头，其中心线应对准，分、合闸应无卡阻现象，同相各触头压力应均匀。

8）断路器与操作机构配合调整合格后，使断路器处于分闸状态，取出灭弧装置中的压油活塞，用合格的绝缘油多次冲洗断路器内部与绝缘油接触的部位，直至冲洗干净。

（16）试运行前检查

1）试验报告项目应齐全，并全部达到电气设备交接试验标准。

2）高压电器室及高压电器本体应清理干净，无任何杂物。

3）贫油断路器油位正常，无漏油、渗油现象。

4）高压电器与附件应均无受损。

5）高压电器接线正确，接触紧密，连接牢靠。

6）操作机构分、合闸灵活无卡阻。

7）手车式断路器推进、拉出灵活无卡阻，连锁装置动作准确。

8）各部位接地无遗漏，接地良好。

（17）送电试运行，交工验收

高压电器与其他电气设备一起空载试运行 24 小时，无异常情况即可办理交工手续。

办理交工手续前，应将与高压电器有关的各种工程资料、技术文件、产品说明书、各项记录、试验报告等备齐，交工程监理审验，合格后即可办理交工手续。

3.质量标准

（1）主控项目

1）高压电器试验调整结果必须符合规范规定。

检验方法：检查试验报告。

2）瓷件表面严禁有裂纹、缺损和瓷釉损坏等缺陷。

检验方法：观察检查。

（2）一般项目

1）高压电器安装应位置正确，固定牢靠，部件完整，操作部分灵活，准确。

2）支架、连杆和传动轴等固定连接牢靠，油漆完整。

3）操作部分方便省力，空行程少，分、合闸时无明显振动。

4）接地（接零）支线敷设连接紧密、牢靠，截面选用正确。

检验方法：观察，实测或检查安装记录。

4. 成品保护

（1）高压电器运至现场暂时不安装时，应尽可能地恢复原包装，并入库妥善保管。

（2）高压电器搬运和安装时应防止碰撞。

（3）瓷件和其他易损件搬运和安装时，要采取好保护措施。

（4）在高压电器附近动用电、气焊时，应用石棉板遮盖住瓷件，或用布将瓷件包裹好，防止焊渣烧伤瓷釉。

（5）贫油断路器漏油、渗油应及时处理，防止油面太低潮气侵入，降低绝缘油的绝缘强度，影响正常运行。

（6）已安装好的高压电器房间，门窗要封闭好，门要加锁，非安装人员未经许可不准入内。

5. 注意事项

（1）应注意的质量问题

1）安装位置要正确，固定牢靠，部件齐全完好。

2）有油的高压电器油位应正常，且无漏油、渗油现象。

3）操作机构动作应灵活，无卡阻现象，分、合闸位置正确，触头接触应紧密。

4）焊接型钢支架、基架时，焊缝要饱满，焊渣要清理干净。

5）型钢支架、基架除锈、刷油要保证质量。

6）瓷件要保证完好无损。

7）紧固件接地扁钢或圆钢必须用镀锌品。

（2）应注意的安全问题

1）吊装用的起重设备、机具必须经检验合格。

2）对于较重的高压电器吊装时要以起重工为主，电工为辅，全过程要注意掌握重心，平稳升降。

3）吊装后，起重臂下严禁站人。

4）高压电器在高处安装时，在梯子上作业人员不仅要保证设备的安全，还要保证人身安全。

5）高压电器人工搬运时，要互相配合互相关照，防止碰伤、压伤。

6）动用电、气焊时，要清理好周围的易燃物。

7）滤油、注油要做好防火工作。

8）地面施工配合人员不准抛扔工具、材料等物品。

二、低压电器的选择安装

（一）低压电器的选择

1. 低压电器的基本知识

低压电器通常是指工作在交流电压低于1200V，直流电压低于1500V在电路中起通断、保持、控制、保护和调节作用的电器。由于我国交流供电制度在低压范围内仅有380V和660V两个等级，而工业低压用电设备多采用380V电压等级，所以常用的低压电器往往是工作在交流500V以下的电器。

低压电器种类繁多，按其用途或所控制的对象，可大致分为两类。

（1）低压配电电器——对此类电器的要求是工作可靠、有足够的电动稳定度和热稳定度。电动稳定度是指电器承受短路电流的电动力作用而不致损坏的能力；热稳定度是指电器承受规定时间内短路电流所产生的热效应而不致损坏的能力。这类电器主要有刀开关、转换开关、断路器和熔断器等等，主要用于低压配电系统中。

（2）低压控制电器——对此类电器的要求是工作准确、操作频率高、寿命长。这类电器主要有接触器、继电器、启动器、控制器、主令电器、变阻器和电磁铁等等，主要用于电力拖动控制系统和用电设备中。

2. 确定低压电器电流容量的方法

以上介绍的两类低压电器各自都有多种规格和型号的产品，因而在使用时，只有恰当地选择相应的规格和型号，才能保证其可靠地运行工作，又能最大限度地节能和降低成本：不同类型的低压电器，选用的依据条件和物理参数也不完全相同。但因低压电器选择条件是以发热条件为主，所以电流容量条件（即额定电流条件）是选择各种低压电器的通用条件，也是应首要确定的重要条件。

低压电器电流容量条件的确定和选择，是依据它们参与的电路所控制的对象（负载）的电流容量所决定的。因而需首先确定控制对象的额定电流。然后再选择低压电器的额定电流和其他相应的条件，并适当留有裕度。

控制对象未投入运行前，确定其额定电流的方法一般有三种：

（1）从铭牌上查取其额定电流值。

（2）应用电路原理公式，根据设备的功率、工作电压和功率因数等条件，计算出其额定电流值。

（3）根据经验公式估算出其额定电流值。

第三种方法虽然较前两种方法误差稍大，但在无特殊设计要求的场合下，做一般选件是允许的，也是能满足实际工作需要的，并且对于低压三相负荷平衡设备（380V）和低压单相设备（220V），在已知其有功功率情况下，估算法更为简单快捷。

估算法是以负载千瓦数乘以一个系数。

1）对于交流 380V 三相平衡设备（如电动机）：$I_N \approx 2P_N$

2）对于交流 380V 三相平衡电热设备（如电阻炉）：$I_N \approx 1.5P_N$

3）对于交流 220V 相电压单相设备：$I_N \approx 4.5P_N$

4）对于交流 380V 线电压单相设备：$I_N \approx 2.5P_N$

式中：

I_N——估算的额定电流值（A）。

P_N——设备的有功功率（kW）。

3. 低压电器的选用

这里主要介绍在交流电压条件下工作，控制三相异步电动机的低压电器的主要几项选择方法。

（1）熔体和熔断器的选用

1）熔断器类型的选用对于容量较小的照明线路的简易保护，可选用 RC 系列插式熔断器；机床线路及小容量电动机的保护宜采用 RL 系列螺旋式熔断器；较大容量电动机的保护宜采用 RT。有填料密封管式熔断器，也可以根据负载性羼和安装环境的不同选用其他适当类型的熔断器。应当指出，在各类低压熔断器中，RL 系列螺旋式熔断器和 RT。有填料密封管式熔断器灭弧力强，属于限流式熔断器（即在短路电流到达最大冲击值之前熄灭电弧），其保护灵敏度优于其他熔断器。

2）熔体的确定熔断器主要功能是在电路中起短路保护作用，而真正起保护作用的部件是熔体，因而熔体选择较为重要。对于无冲击电流的负载（如一般照明电路、电热电路），可按负载电流的大小来选择熔体的额定电流；对于有冲击电流的负载（如电动机），要求它既能躲过尖峰电流（包括正常短时的过荷电流和起动电流），又能在最短的时间内分断短路电流。这里介绍两个选择熔体额定电流的经验公式：

对于单台电动机：$I_{N \cdot FN} \approx 2.5 I_{N \cdot Mn-1}$

多台电机：$I_{N \cdot FN} \approx (1.5 \sim 2.5) I_{N \cdot max} + \sum I_{N \cdot i}$（系数取值与起动方式有关）

i=1

式中 $I_{N \cdot FN}$——熔体额定电流（A）。

$I_{N \cdot M}$——单台电动机额定电流（A）。

$I_{N \cdot max}$——多台电动机中，容量最大的一台电动机的额定电流（A）。

$\sum I_{N \cdot i}$——多台电动机中，除了容量最大的一台电动机外，其余电动机的额定电流之和（A）。

3）熔断器的选用熔断器本体的主要选用条件应能同时满足额定电流和额定电压两条件。

即 $I_{N \cdot Fu} \geq I_{N \cdot FE}$

$U_{N \cdot Fu} \geq U_N$

式中 $I_{N \cdot Fu}$、$U_{N \cdot Fu}$——熔断器的额定电流、额定电压。

$I_{N \cdot FE}$——熔断器内安装的熔体的额定电流。

U_N——线路的额定电压。

（2）热继电器的选用

热继电器的主要功能是对电动机或其他电气设备进行过载保护。它的选用条件主要是热元件的额定电流（或热元件编号）和热元件整定电流调节范围。

应使：$I_{N \cdot FR} \geq I_{N \cdot L}$

式中 $I_{N \cdot FR}$——热元件的额定电流。

$I_{N \cdot L}$——负载的额定电流。

从结构形式上，一般多选用三相结构式。对于三角形接法的电动机宜选用带断相保护功能的热继电器。

热继电器的整定电流宜为：$I_{FR \cdot TR} \approx （1.05 \sim 1.1）I_{N \cdot L}$

式中 $I_{FR \cdot TR}$——热继电器的整定电流值。

（3）交流接触器的选用

交流接触器的选用主要是依据其额定电流（即接触器主触头额定电流）和吸引线圈的额定电压条件。对于一般工作任务的普通负载，交流接触器额定电流应稍大于控制对象的额定电流。

即 $I_{N \cdot KM} > I_{N \cdot L}$

交流接触器吸引线圈的额定电压条件很重要（包括一些带有电磁吸引线圈的继电器），一定要根据控制回路的电源电压等级来选择。交流接触器常见的线圈电压等级有 36V、ll0V、127V、220V、380V 几种。

对于重任务（如某些工作母机、升降设备等平均操作频率可达 100 次／h 以上）和特重任务（如拉丝机、港口起重机、轧机辅助设备等平均操作频率可达 600 次／h 以上）的电动机负载的交流接触器，选用时还应考虑操作频率、工作制等条件选择相应型号的交流接触器，其额定电流也要留有较大的余量。

（4）电源开关的选用

常用的电源开关有刀开关和组合开关系列，一般在电路中做电源隔离使用而不参与直接起、停负载。选择依据主要有触刀（或触爪）的额定电流和开关的极数等条件。对于不直接参与起、停负载的开关，其额定电流一般要稍大于负载额定电流；对于直接用于起、停小容量电动机的开关，可按：

$I_{N \cdot Qk} \approx （1.5 \sim 2.5）I_{N \cdot M}$ 选取。

式中，$I_{N \cdot Qk}$——电源开关的额定电流。

某些设备中的电源开关也可选用低压断路器。低压断路器又称自动空气开关，中小容量的低压断路器多为装置式（塑壳式）结构，选用时可选复式脱扣器式或电磁脱扣器式，低压断路器允许带负荷操作，额定电流应大于负载额定电流。

即：$I_{N \cdot Qk} > I_{N \cdot L}$；

热脱扣器整定电流一般可按：$I_{N \cdot Qk} \approx 1.1 I_{N \cdot L}$ 整定。

对于小型低压断路器的电磁脱扣器的瞬动动作电流可以不加整定。若要整定，

应使 $I_{OP(O)} \geq (2 \sim 2.5) IPK$

式中，$I_{OP(O)}$——电磁脱扣器的瞬动动作电流。

I_{PK}——尖峰电流。

单台电动机尖峰电流即为其起动电流；多台电动机尖峰电流按下式计算：

$$I_{PK} = K_\Sigma \sum_{i=1} I_{N \cdot i} + I_{ST \cdot max}$$

式中 $I_{ST \cdot max}$——用电设备中，起动电流与其额定电流之差为最大的那台电动机的起动电流。

$K_\Sigma \sum_{i=1} I_{N \cdot i}$——除起动电流与其额定电流之差为最大的那台电动机之外，其他 n-1 台电动机的额定电流之和。

K_Σ——上述 m-1 台电动机的同时系数，按台数多少选取，一般为 0.7 ~ 1。

（5）导线的选用

低压用电设备的配线采用绝缘导线者居多，一般按发热条件和机械强度条件来选择。发热条件即是电流条件，可用两种方法去选择：

1）按安装环境温度，查阅各种导线的允许载流量表。使之满足：

Iat≥IN·L

式中 I_{at}——导线的允许载流量。再查表，兼顾机械强度条件的最小截面要求条件。

2）可按铝绝缘导线载流量为基础进行估算。估算法虽然误差稍大，但在无特殊设计要求的场合下，做一般选线是能满足实际工作需要的。10mm² 及以下的铝绝缘导线载流量按 5A／mm² 估计；16mm² 和 25mm² 的铝绝缘导线载流量按 4A／mm² 估计；35mm² 和 50mm₂ 的铝绝缘导线载流量按 3A／mm² 估计（穿管敷设可将载流量打 8 折；高温环境可打 9 折。若用铜导线，可将铝线的载流量乘以 1.3 倍。）；再兼顾机械强度条件的最小截面要求。

（二）低压电器的安装

此处适用于一般型式的控制器、主令控制器、磁力接触器、磁力起动器（包括按钮）、自动开关、刀开关、熔断器、变阻器及电磁铁等的安装工程。

1. 材料要求

（1）低压电器：是指在 500V 以下的供配电系统中对电能的生产、输送、分配与应

用起转换、控制、保护与调节等作用的电器。

（2）低压电器用于发电、输电、配电等场所与电气传动和自动控制等设备中。

（3）条低压电器通常分为：配电电器和控制电器。

1）配电电器：

指断路器、熔断器、刀开关和转换开关。

2）控制电器：

是指接触器、控制继电器、起动器、控制器、主令电器、电阻器、变阻器和电磁铁。

2. 主要机具

（1）工具：螺丝旋具、圆头锤、扳手、钢丝钳、电笔、手电钻、丝锥、圆板丝铰手、什锦锉、钳工锉、套筒扳手。

（2）量具：钢卷尺、塞尺、磁力线坠、摇表、钳形电流表。

（3）万用表。

3. 作业条件

（1）低压电器应按已批准的设计进行施工。

（2）低压电器安装前，土建工程应具备下列条件：

1）拆除对电器安装有妨碍的模板、脚手架等，场地清理干净；

2）室内地面基层施工完毕，并在墙上标出抹灰（面）标高；

3）设备基础和构架达到允许安装的强度；焊接构件的机械强度符合设计要求；

4）预埋件、预留孔的位置和尺寸符合要求，预埋件牢固。

（3）设计图纸齐全，并且经过设计技术交底。施工方案已编制审定。

（4）设备、材料按施工方案的要求已组织进场，并经过检查、清点，符合设计要求，附件、备件齐全；电器技术文件齐全。

（5）室外安装的低压电器应有防止雨、雪、风沙侵入的措施。

4. 操作工艺

工艺流程：

1）设备开箱检查，应符合下列要求：

①部件完整，瓷件应清洁，不应有裂纹和伤痕。制动部分动作灵活、准确。电器与支架应接触紧密。

检验方法：用手扳动，观察和做启闭检查。

②控制器及主令控制器应转动灵活，触头有足够的压力。

检验方法：做启闭检查。

③接触器、磁力启动器及自动开关的接触面平整，触头应有足够的压力，接触良好。

检验方法：做启闭检查。

④刀开关及熔断器的固定触头的钳口应有足够的压力。刀开关合闸时，各刀片的动作应一致。熔断器的熔丝或熔片应压紧，不应有损伤。

检验方法：用手扳动、观察和做启闭检查。

⑤变阻器的传动装置、终端开关及信号连锁接点的动作应灵活、准确。滑动触头与固定触头间应有足够的压力，接触良好。充油式变阻器油位应正确。

检验方法：用手扳动、观察和做启闭检查。

⑥电磁铁。制动电磁铁的铁芯表面应洁净，无锈蚀。铁芯对最终端时，不应有剧烈的冲击。交流电磁铁在带电时应无异常的响声。滚动式分离器的进线碳刷与集电环应接触良好。

检验方法：用耳听、观察和做启闭检查。

⑦低压电器与母线连接应紧密。

⑧油漆应完好。防腐处理应均匀、无遗漏。

2）低压电器的安装应与配线工作密切配合，尤其是配合土建预留、预埋工作，一定要保证设计位置、配管（线）到位。

3）安装支架或配电箱（板）。

①核对预埋（留）线路所留的低压电器安装位置，要符合设计图纸的要求位置。

②制作（或订购的）支架或配电箱（板）进行就位安装。

4）低压电器的安装。低压电器及其操作机构的安装高度、固定方式，如设计无规定，可按下列要求进行：

①用支架或垫板（木板无绝缘板）固定在墙或柱子上；

②落地安装的电器设备，其底面一般应高出地面50~100mm；

③操作手柄中心距离地面一般为1200~1500mm；侧面操作的手柄距离建筑物或其他设备不宜小于200mm。

④成排或集中安装的低压电器应排列整齐，便于操作和维护。

⑤紧固的螺栓规格应选配适当，电器固定要牢固，不得采用焊接。

⑥电器内部不应受到额外应力。

⑦有防震要求的电器要加设减震装置，紧固螺栓应有防松措施，如加装锁紧螺母、锁钉等。

⑧采用膨胀螺栓固定时，可按规定选择规格、钻孔尺寸、埋设深度。

（1）刀开关安装

1）刀开关应垂直安装在开磁板上（或控制屏、箱上），并要使夹座位于上方。如夹座位于下方，则在刀开关打开的时候，如果支座松动，闸刀在自重作用下向下掉落而误动作，会造成严重事故。

2）刀开关用作隔离开关时，合闸顺序为先合上刀开关，再合上其他用以控制负载的开关；分闸顺序则相反。

3）严格按照产品说明书规定的分断能力来分断负荷，无灭弧罩的刀开关一般不允许分断负载，否则，有可能导致稳定持续燃弧，使刀关并寿命缩短，严重的还会造成电源短路，开关烧毁，甚至发生火灾。

4）刀片与固定触头的接触良好，大电流的触头或刀片可适量加润滑油（脂）；有消弧触头的刀开关，各相的分闸动作应迅速一致。

5）双投刀开关在分闸位置时，刀片应能可靠地接地固定，不得使刀片有自行合闸的可能。

（2）直流母线隔离开关安装

1）开关无论垂直或水平安装，刀片应垂直板面上；在混凝土基础上时，刀片底部与基础间应有不小于 50mm 的距离。

2）开关动触片与两侧压板的距离应调整均匀。合闸后，接触面应充分压紧，刀片不得摆动。

3）刀片与母线直接连接时，母线固定端必须牢固。

（3）熔断器安装

1）熔断器及熔体的容量应符合设计要求：

①对于变压器、电炉和照明等负载，熔体的额定电流应略大于或等于负载电流。

②对于输配电线路，熔体的额定电流应略小于或等于线路的安全电流。

③对电动机负载，因为起动电流较大，一般可按下列公式计算：

对于一台电动机负载的短路保护：

熔体额定电流 ≥（1.5~2.5）I 电机额定电流

式中（1.5~2.5）—系数，视负载性质和起动方式不同而选取；对轻载起动、起动次数少、时间短或降压起动时，取小值；对重载起动、起动频繁、起动时间长或全压起动时，取大值。

对于多台电动机负载的短路保护：

熔体额定电流 ≥（1.5~2.5）I 最大电机额定电流 + 其余电动机的计算负荷电流

④熔断器的选择：额定电压应大于或等于线路工作电压；额定电流应大于或等于所装熔体的额定电流。

2）安装位置及相互间距应便于更换熔体；更换熔丝时，应切断电流，更不允许带负荷换熔丝，并应换上相同额定电流的熔丝。

3）有熔断指示的熔芯，其指示器的方向应装在便于观察侧。

4）瓷质熔断器在金属底板上安装时，其底座应垫软绝缘衬垫。安装螺旋式熔断器时，应将电源线接至瓷底座的接线端，以保证安全。如是管式熔断器应垂直安装。

5)安装应保证熔体和插刀以及插刀和刀座接触良好，以免因熔体温度升高发生误动作。安装熔体时，必须注意不要使它受机械损伤，以免减少熔体截面积，产生局部发热而造成误动作。

（4）自动开关安装

1)自动开关一般应垂直安装,其上下端导线接点必须使用规定截面的导线或母线连接。

2）裸露在箱体外部，且易触及的导线端子应加绝缘保护。

3）自动开关与熔断器配合使用时，熔断器应尽可能装于自动开关之前，以保证使用安全。

4）自动开关使用前应将脱扣器电磁铁工作面的防锈油脂擦去，以免影响电磁机构的动作值。电磁脱扣器的整定值一经调好就不允许随意更动，而且使用日久后要检查其弹簧是否生锈卡住，以免影响其动作。

5）自动开关的操作机构安装

①操作手柄或传动杠杆的开、合位置应正确，操作力不应大于产品允许定值。

②电动操作机构的接线正确。在合闸过程中开关不应跳跃；开关合闸后，限制电动机或电磁铁通电时间的连锁装置应及时动作；使电磁铁或电动机通电时间不超过产品允许规定值。

③触头接触面应平整，合闸后接触应紧密。

④触头在闭合、断开过程中，可动部分与灭弧室的零件不应有卡阻现象。

⑤有半导体脱扣装置的自动开关，其接线应符合相序要求，脱扣装置间可靠。

（5）直流快速自动开关的安装

1）开关极间中心距离及开关与相邻设备或建筑物的距离均不应小于500mm，小于500mm时，应加装隔板，隔弧板高度不小于单极开关的总高度。

在灭弧量上力一应留有不小于1000mm的空间；无法达到时，应按开关容量在灭弧室上部200~500mm高度处装设隔弧板。

2）灭弧室内绝缘衬件应完好，电弧通道应畅通。

3）有极性快速开关的触头及线圈，其接线端应标出正、负极性，接线时应与主回路极性一致。

4）触头的压力、开距及分断时间等应进行检查，并符合出厂技术条件。

5）开关应按产品技术文件进行交流工频耐压试验，不得击穿、闪络现象。

6）脱扣装置必须按设计整定值校验，动作应准确、可靠。在短路（或模拟短路）情况下合闸时，脱扣装置应能立即自由脱扣。

7）试验后，触头表面与起动器安装。

（6）令接触器与起动器安装

1）安装前检查

①电磁铁的铁芯表面应无锈斑及油垢，将铁心板面上的防锈油擦净，以免油垢粘住造成接触器断电不释放。触头的接触面平整、清洁。

②接触器、起动器的活动部件动作灵活，无卡阻；衔铁吸合后应无异常响声，触头接触紧密，断电后应能迅速脱开。

③检查接触器铭牌及线圈上的额定电压、额定电流等技术数据是否符合使用要求；电磁起动器热元件的规格应按电动机的保护特性选配；热继电器的电流调节指示位置，应调

整在电机的额定电流值上，如设计有要求时，尚应按整定值进行校验。

2）安装时，接触器的底面与地面垂直，倾斜度不超过 50°。CJ0 系列接触器安装时，应使有孔的两面放在上下位置，以利散热，降低线圈的温度。

3）自耦减压起动器的安装：

①起动器应垂直安装；

②油浸式起动器的油面不得低于标定的油面线；

③减压抽头（65%~80% 额定电压）应按负荷的要求进行调整，但起动时间不得超过自耦减压起动器的最大允许起动时间。

④连续起动累计或一次起动时间接近最大允许起动时间时，应待其充分冷却后方能再起动。

4）可逆电磁起动器防止同时吸合的连锁装置动作正确、可靠。

5）星—三角起动器，应在电动机转速接近运行转速时进行切换；自动转换的应按电动机负荷要求正确调节延时装置。

（7）按钮安装

1）按钮选择

①根据使用场合、所需触头数及颜色来进行选择。

②电动葫芦不宜选用 LA18 和 LA19 系列按钮，最好采用 LA2 系列按钮。

③铸工车间灰尘较多，也不宜选用 LA18 和 LA19 系列按钮，最好选用 LA14—1 系列按钮。

2）按钮安装

①按钮及按钮箱安装时，间距应为 50~100mm；倾斜安装时，与水平面的倾角不宜小于 30°。

②按钮操作应灵活、可靠，无卡阻。

③集中一处安装的按钮应有编号或不同的识别标志，"紧急"按钮应有鲜明的标记。

（8）控制器安装

1）控制器可用于改变主电路或激磁电路的接线，也可用于变换接在电路中的电阻值，控制电动机的起动、调速和反向。控制器分为：

平面控制器——转换位置是平面的；

鼓形控制器——转动装置是鼓形的；

凸轮控制器——转动装置是凸轮的。

2）凸轮控制器及主令控制器应装在便于操作和观察的位置上；操作手柄或手轮安装高度一般为 1~1.2m。

3）控制器安装

①控制器操作应灵活，档位准确。

②操作手柄或手轮的动作方向应尽量与机械装置的动作方向一致。

③操作手柄或手轮的拓各个不同位置时，触头分、合的顺序均应符合控制器的接线图。

④控制器触头压力均匀，触头超行程不小于产品技术文件规定。凸轮控制器主触头的灭弧装置应完好。

⑤控制器的转动部分及齿轮减速机构应润滑良好。

（9）变阻器安装

1）变阻器滑动触头与固定触头的接触良好；触头间应有足够压力；在滑动过程中不得开路。

2）变阻器的转换装置

①转换装置移动均匀平滑，无卡阻，并有与移动方向对应的指示阻值变化标志。

②电动传动的转换装置，其限位开关及信号连锁接点动作应准确、可靠。

③齿链传动的转换装置，允许有半个节距的窜动范围。

3）频敏变阻器

①频敏变阻器在调整抽头及气隙时，应使电动机起动特性符合机械装置的要求。

②用于短时间起动的频敏变阻器在电动机动完毕后应短接切除。

（10）电磁铁安装

1）电磁铁的铁心表面应洁净无锈蚀，通电前应除去防护油脂。

2）电磁铁的衔铁及其传动机构的动作应迅速、准确、无阻滞现象。直流电磁铁的衔铁上应有隔磁措施，以清除剩磁影响。

3）制动电磁铁的衔铁吸合时，铁芯的接触面应紧密地与其固定部分接触，且不得有异常响声。

4）有缓冲装置的制动电磁铁，应调节其缓冲器气道孔的螺钉，使衔铁动作至最终位置时平稳，无剧烈冲击。

5）牵引电磁铁固定位置应与阀门推杆准确配合，使动作行程符合要求。

（11）接线

1）按电器的接线端头标志接线。

2）一般情况下，电源侧导线应连接在进线端（固定触头接线端），负荷侧的导线应接在出线端（可动触头接线端）。

3）电器的接线螺栓及螺钉应有防锈镀层，连接时，螺钉应拧紧。

4）母线与电器连接时，接触面的要求应符合有关要求；连接处不同相母线的最小净距应符合额定电压小于等于500，最小净距10mm；额定电压大于500小于等于1200，最小净距14mm的规定。

5）胶壳闸刀开关接线时，电源进线与出线不能接反，否则更换熔丝时易发生触电事故。

6）铁壳开关的电源进出线不能接反，60A以上开关的电源进线座在上方，60A以下开关的电源进线座在下方。外壳必须有可靠的接地。

7）电阻器接线

①电阻器与电阻元件间的连线应用裸导线，在电阻元件允许发热条件下，能可靠接触。

②电阻器引出线夹板或螺钉有与设备接线图相应的标号；与绝缘导线连接时，不应由于接头处的温度升高而降低导线的绝缘强度。

③多层叠装的电阻箱，引出导线应用支架固定，但不可妨碍更换电阻元件。

（12）低压电器绝缘电阻的测量

1）测量部位

①触头在断开位置时，同极的进线与出线端之间；

②触头在闭合位置时，不同极的带电部件之间；

③各带电部分与金属外壳之间。

2）测量绝缘电阻使用的兆欧表电压等级及所测的绝缘电阻应符合《电气装置安装工程电气设备交接试验标准》（GB50150-91）的规定。

（13）低压电器按其负荷性质及安装场所的需要进行下列试验

1）电压线圈动作值校验

①吸合电压不大于 85%U，释放电压不小于 5%U；

②短时工作的合闸线圈应在（85~110）%U 范围内，分励线圈应在（75~110）%U 范围内均能可靠工作（U—额定工作电压）。

2）用电动机或液压、气压传动方式操作的电器，除产品另有规定外，当电压、液压或气压在 85% 至 110% 额定值范围内，电器应可靠工作。

3）各类过电流脱扣器、失压和分励脱扣器、延时装置等，应按设计要求进行整定，其整定值误差（%）不得超过产品的标准误差值。

（14）电力负荷性质。电力负荷应根据其重要性和中断供电在政治、经济上所造成的损失或影响的程度，分为下列三级：

1）一级负荷

①中断供电将造成人身伤亡者。

②中断供电将在政治、经济上造成重大损失者。如：重大设备损坏、重大产品报废、用重要原料生产的产品大量报废、国民经济中重点企业的连续生产过程被打乱需要长时间才能恢复等。

③中断供电将影响有重大政治、经济意义的用电单位的正常工作者。如：重要铁路枢纽、重要通信枢纽、重要宾馆，经常用于国际活动的大量人员集中的公共场所等用电单位中的重要电力负荷。

2）二级负荷

①中断供电将在政治、经济上造成较大损失者。如：主要设备损坏、大量产品报废、连续生产过程被打乱需较长时间才能恢复、重点企业大量减产等。

②中断供电将影响重要用电单位的正常工作者。如：铁路枢纽、通信枢纽等用电单位

中的重要电力负荷，以及中断供电将造成大型影剧院、大型商场等大量人员集中的重要的公共场所秩序混乱者。

3）三级负荷

不属于一级和二级负荷者。

（15）低压电气装置在施工及交验时，应进行下列检查：

1）竣工的工程是否符合设计。

2）工程质量是否符合规定。

3）调整、试验项目及其结果是否符合本规范要求。

4）应提交的技术资料和文件

①变更设计部分的实际施工图；

②变更设计证明文件；

③随产品提供的说明书、试验记录、产品合格证、安装图纸；

④绝缘电阻和耐压试验记录；

⑤经调整、整定的低压电器调整记录。

第五节　电气自动化设备的选择与安装

一、电气自动化设备使用现状及问题

随着科技和经济的不断发展，电气自动化控制设备逐渐得到普及并广泛应用，并给工业生产和经济发展带来了重大的贡献。但是，就现代我国电气自动化设备功能的稳定性和可靠性而言，依旧存在诸多问题，主要包括以下方面。

1. 工作环境适应性有待增强

首先，我国目前电气自动化设备在工作环境适应性方面有待增强。随着该设备在各行各业的推广使用，其功能越加完善和发展，但由于各行业的特殊性，其生产环境存在很大的差异和不同。对于电气自动化设备而言，影响其正常运行的不利因素包括自然环境、机械作用力和电磁干扰等方面。在湿度过大、气温过高、空气污染严重的自然环境中，设备遭遇的侵蚀度和腐化度增强，使用寿命进而也会缩短。另外，设备在运行过程中，受到机械力的影响，其零件会受到不同程度的磨损和变形，从而使电气自动化设备无法正常工作。最后，如果设备周围有过多的电磁干扰，其运行效率和工作质量也会大大降低。要想在恶劣的工作环境下正常工作，就需要不断增强其环境适应能力、抗电磁干扰的能力，减轻机械重量，减少机械力的作用，避免工作环境对设备运行带来的不良影响。

2. 操作、维护不利

电气自动化设备作为一种高科技的控制设备，其设计和生产凝聚着许多科学家的智慧和汗水，在使用和维护过程中也需要较高的技术和能力，专业性和技术性都需要达到一定的标准。但是在实际操作和维护的过程中，很多企业由于缺少专业人员的指导和帮助，技术操作人员对电气自动化设备内部复杂的结构不能真正地认识和掌握，从而导致操作维护不正确，损害设备的工作运行能力。在设备维护中，由于专业技能不强，专业理论不足，导致电气设备维护不到位，设备运行使用寿命也因此减短，进而增加经济成本和投入。

3. 设备的零部件质量有待提高

电气自动化设备的零部件质量直接关系着设备本身运行的安全性、稳定性和可靠性。当前，我国电气自动设备的零部件生产厂家在产品质量上良莠不齐，没有统一的零部件生产规格，导致电气自动化设备的零部件在规格上和质量上缺少统一的标准，设备零件的精细度不够严格。再加上部分小规模企业由于缺乏严格有效的管理体系，在控制设备检查维护上不到位，导致设备元件使用过程中出现变形扭曲、断裂损坏等问题，设备无法正常运行。另外，在市场经济条件下，很多零部件生产商之间存在着价格上的不合理竞争，为了获得更多的经济利润，利用降价多销的方式取得增加经济收入，但是价格的降低迫使生产厂家的生产成本也随之降低，进而忽视零件生产质量，最终给电气自动化设备的稳定性和安全性造成威胁。

二、电气自动化设备安装及质量控制

1. 电气自动化设备的安装过程

（1）制定建筑设备自动化系统（BAS）实施计划

在如今现代化、智能化的建筑工程中，建筑设备自动化系统（BAS）的应用已经成为建筑工程中的主要组成部分，建筑设备自动化系统（BAS）的应用能够有效地对建筑工程中的照明技术、制冷系统以及其他的电气设备系统做到有效的管理，提高电气设备的使用效率，降低人工控制的成本和及早发现安全隐患。通过建筑设备自动化系统（BAS）还能够对相关的电气设备做到有效的资源管理和控制，降低设备运行的能源消耗，从而提高电气设备运行的效率和可靠性。在进行电气自动化设备的安装之前，我们应该先对用户的需求做一个详细的调查，从而根据调查到的用户需求结合安装的要求，制订出一个合理科学的计划，确保电气自动化设备能够顺利安装并且达到预想的设计效果。建筑设备自动化系统（BAS）计划的有效制定与实施是建筑工程中电气自动化智能设备能够有效发挥其作用，提高建筑工程质量的重要保障。

（2）电气自动化设备的布线

电气自动化设备大多都需要通过网络系统达到其功能作用，这就对电气自动化设备的网络系统的线路设计提出了很高的要求，大量导线的布置是电气自动化设备网络系统搭建中的重要工作。

电气自动化设备网络系统的布线并不是一项简单的工作，其网络系统的布线也需要按照一定的规则进行布置，甚至还有一些线路需要对网络导线进行单独的设置，需要由专门的供应商对这些导线进行直接的提供，确保网络线路的可靠性，如流量计线路、通信线路、温度与湿度传感器线路等线路的设计，都需要使用屏蔽线或者是由导线供应商直接提供的专业导线。而且，需要注意的是，各个自动化设备的接地线路的设计，都必须要在其他的弱电工程公用的接电线上进行。针对建筑物中大量的电子设备，我们不仅需要区分电气自动化设备应用的不同系统，还需要分辨电气自动化设备的不同工作频率，并结合设备自身的不同抗干扰能力，合理设计与布置设备导线，以提高设备使用的安全性和效率。

（3）输入输出设备的安装

输入输出设备的正确安装对电气自动化设备的使用和维护都有着重要的影响，因此，对输入输出设备的安装过程一定要慎之又慎。在输入设备的安装过程中，主要的就是输入输出设备与传感器的合理选用。传感器是电气自动化设备能够正常运转的重要部分，不同的电气自动化设备的传感器的安装有着不同的要求，因此，在安装传感器时需要根据不同类型的传感器考虑不同的安装要求。如温度传感器、水流传感器、压力传感器等安装位置在相关规范中都有明确要求，不是所有位置都适合安装，错误的安装位置容易对传感器造成损坏或者可能引发更大的安全隐患。例如，温度传感器以及空气质量传感器最好不要安装在蒸汽口或者出风口，这样会对温度和空气质量传感器造成影响，影响其设备的准确性和安全性。输入设备中，主要是压力开关的安装控制。压力开关的安装同样也需要考虑到在其不同设备中的应用情况，压力开关的口径应根据设备的使用进行准确的计算，从而确保其口径大小满足设计的要求。

2. 电气自动化设备的质量控制要点

（1）电气自动化设备安装准备材料的质量控制

在电气自动化设备的安装中，首先需要考虑的就是设备安装中准备材料的质量问题，设备要想能够安全、高效的使用，必须要确保材料质量过关。首先，需要考虑的就是电线电缆的质量控制问题，电线电缆的使用对电气设备在使用过程中的安全性有极其重要的影响，因此我们在设备安装之前，一定要对其电线电缆进行仔细的检查和核对，确定入场的电线电缆的型号、规格等参数是否满足设备安装的要求，对于不合格的电线电缆一定要杜绝使用。其次，就是对焊接钢管的质量控制，不同类型的钢管的适用条件是不一样的，我们应该根据设备安装的适用环境选择相应的钢管，尤其在出现使用薄壁钢管取代厚壁钢管时，一定要及时阻止，避免发生较大的安全事故，在钢管进场时一定要对钢管的相关参数做仔细的核对与校验，对于不符合国家规定的钢管一定要及时销毁。

（2）配电装置的安装质量控制

在电气自动化设备安装的过程中，最重要的就是配电装置的安装。在配电装置的安装过程中一定要严格按照技术要求以及设计的图纸要求进行操作，综合考虑设备安装的整个过程中需要考虑及注意的问题，提前做好准备。在设备采购环节，配电设备采购的质量尤为重要，配电设备的采购一定要满足设备使用的参数要求。在设备的安装环节，一定要严格按照安装技术流程进行操作，避免操作的混乱，同时最好做好操作流程动态质量控制管理，对设备安装的操作流程，采取动态的质量检查，降低操作失误的发生频率。配电设备安装完成之后，需要对配电装置进行相应的测试，以确保各级设备的开关之间的相互独立及其相互的良好保护机制，避免出现整体的设备开关电流不匹配造成的电路事故。为确保配电装置安装的准确性以及安全性，在配电装置安装过程中，安装施工过程最好是安装设备的说明书以及安装图纸进行一步一步操作，提高工作的效率，提升设备安装的质量控制。

（3）加强电气自动化设备安装过程的监督

在任何项目实施的过程中，有效的工程监督是确保项目质量的重要保障，在电气自动化设备质量控制的重要步骤也是要确保安装的准确性。相关单位在电气自动化设备的安装过程中应该全程监督设备的安装过程，确保设备从采购到安装完成是准确无误的，这样才能在安装过程中减少错误的发生，提高工程的质量。设备安装过程中，最好结合重点检查和普通检查两种方式，对于一些重要的步骤需要进行重点排查，从根本上减少安全事故的发生。如在设备的采购阶段，我们就需要重点检查，要严格检查安装材料进场的合格证及相关参数的满足情况，对于不符合安装条件的材料一定要及时阻止进场，这样才能从源头上避免对设备使用可能造成的影响。当然，不可能对所有的步骤都进行重点排查，对一些不是很重点的部分，我们可以进行一般检查。一般检查只需对安装的准确性进行再次确认，不需要耗费太大的精力和人力，可以避免耽误整体项目的实施。

第三章 电力系统继电保护

第一节 继电保护概述

一、继电保护装置的运行要求

电力系统长期运行后，受多种因素的影响，容易出现各种可能的事故，安装继电保护装置，能很大程度上预防和减少电力系统故障和安全事故的发生。电力系统的继电保护装置的运行具有一定要求，电力系统的继电保护装置应达到以下标准：

（1）可靠性。继电保护装置承担着相应电力系统的安全保护任务，多个继电保护装置确保着整个电路系统的稳定和安全，所以继电保护装置必须具备高度的稳定性，完好顺利地运行，不能出现误动作、拒动作，当故障发生要能准确地切断闸门等，减低和预防事故的发生；

（2）灵敏性。继电保护装置在运行过程中，必须能及时检测到电力故障并立刻做出反应，切断电源和发出警报等，为电力系统提供保护，所以继电保护装置必须具备高度的灵敏性，以满足实际需求；

（3）及时性。继电保护装置必须在检测到系统运行故障的时候立刻启动保护程序，减少系统相关设备的损害程度及后期电力系统故障排查维修检测的难度，促进电力系统快速恢复使用，减少安全事故或断电引起的生产生活不便；

（4）选择性。继电保护装置的启动必须满足一定的条件，并且继电保护装置只涉及与其连接的相关设备和电路，极端保护装置的启动也只针对其保护范围内的设备和电路，是具有选择性的。这种选择性，既避免了电力系统某一处出现问题造成大面积断电，也提高了继电保护的针对性，为电力系统的故障检测、排除、维修提高了针对性和工作效率。

二、电力系统中继电保护技术的应用

1. 自动化技术

第一，对于社会发展的技术和应用来说，需要先对电力系统继电保护装置进行完善，实现发展的重要方向，该技术上主要以自动化为标准，然而自动化技术是通过计算机和通信为主，合理的控制好技术的综合性，整个装置是通过计算机为核心，将综合性实现到电网信息的整合上，同时还可以实现资源共享，保证继电保护的应用能够得到新的提高。第二，信息技术带动着综合自动化技术的完善，为了能够实现更好的效果，就要不断地加大保护装置，保证整个运行效率，为我国电网事业的发展和安全做出贡献，同时综合自动化技术也是当前发展的根源，是保证继电发展的必然趋势。

2. 自适应控制技术

继电保护中的新技术需要坚持以自适应控制技术为主，该技术主要是通过电路的相关情况，分析复杂电路的故障，并且结合故障来进行判断，从而加大了继电保护装置在判断故障的准确性，从综合因素上在使用过程中保证了继电保护装置的性能。各行各业的发展已经开始不断地实现了自适应控制技术，在此过程中需要以继电保护相结合起来，实现了很好的效果，也从客观因素上提高了继电保护装置的运行性能，同时还保护了电路组成部分，例如发电机和变压器的问题，把自适应控制技术应用合理的应用到继电保护中，在此基础上还要不断推广该技术和应用，完善电力系统。

3. 网络化技术

网络化技术在继电保护中也是当前一项不可缺少的技术之一，可以说社会发展需要不断地实现网络化技术的实施，对此人们在日常生活有着重要的影响，然而网络化技术应用在继电保护装置中得到了合理的需求；所谓网络化技术，主要是通过网络设置及其计算机系统来合理地控制好各项功能，避免在电网系统上出现不合理的反应，同时还可以有效的从故障上进行切换和选择，保证电网的正常运行。网络化技术应用在继电保护中，主要是通过数据整合、计算机的感应系统及其通信等方式来实现连接，通过主控进行统一的管理，这样不仅可以有效地提升继电保护装置的性能，还可以使得整个系统上更加安全。

4. 人工神经网络技术

在继电保护应用中的新技术是人工神经网络技术，该技术主要以人类大脑的运行机制设计为主，该技术在专家基础之上，保证系统合理应用，将电力系统为基础，实现自主学习和自动处理的整个过程，结合电力系统中故障来完善人工神经网络技术，使得各个故障中判断来实现保护，很大程度上保证继电保护的性能提升，很大程度上减少了继电保护装置故障的概率，从根本上保障了电网系统新技术的应用。

三、保证继电保护设备运行可靠性的措施

1. 使用冗余技术优化设备可靠性

对整个继电保护设备安装环节的优化可以有效提高继电保护设备的容错率，而冗余技术则是优化硬件的有效措施之一。冗余技术是指当继电保护设备内部出现错误指令时，系统会自动对指令进行判断，消除错误指令，降低错误操作对于继电保护设备的负面影响。从实际应用情况来看，冗余技术能够有效改善继电保护设备的拒动率，提高设备的运行效率，即便是在继电保护设备出现错误运行的情况下，也可以通过冗余技术将错误运行问题表示出来。一般情况下，冗余技术的参数设备需要参照继电保护设备的实际应用情况，要确保其达到各项参数的基本指标。冗余技术的应用成本较低，且实用价值较高，目前得到了广泛的使用，该项技术可以帮助电力企业使用最小的成本预算取得最大的效果。

2. 落实针对继电保护设备的维护工作

针对继电保护设备的维护工作主要包括以下几点：一是日常检修。首先，检修人员需要检查继电保护设备中各个元件的标注是否完整，并对相关操控按钮、开关进行检查，确保开关与按钮不会存在灵活性较低的问题。其次，检修人员要检查各个指示灯以及仪表盘的显示情况，并确保相关固定螺丝不存在松动的问题。最后，需要围绕互感器开展对配线、固定卡子的检查。二是根据继电保护设备所表现出的问题排查故障。一般情况下，电力企业会根据长期的设备检修经验指定先关的故障排查顺序，检修人员需要根据设备的实际故障情况，对可能存在的故障作出判断，并严格遵照既定的检修程序依次实现对于设备各个部位的检查。若在检修的过程中发现零部件缺失或者老化的问题时，需要及时更换故障零部件，并将维修结果记录在册。三是设备等级划分。日常检修工作完成之后，检修人员需要根据电力企业所指定的相关标准对继电保护设备做出评价，并依据其实际运行状况对其进行类别划分。第一类标准为继电保护设备运行正常，经济性较高，安全指数达标；第二类标准为设备存在零部件破损、缺失的问题，核心零部件运行正常、设备整体运行正常，且不存在安全隐患；第三类标准为设备存在运行问题，会对电力系统整体的运行造成影响。当继电保护设备存在第三类问题时，维修人员需要对设备整体进行全面的检修。

第二节　继电保护的配置

电力系统在运行过程中，可能发生各种故障和不正常运行状态，最常见的、同时也是最危险的故障就是各种形式的短路。为减少故障危害，电网设置了各种保护装置。正确配置这些保护装置对于电网的安全稳定运行有着重要的意义。

一、高频保护

1. 网络高频保护

为了缩小故障造成的损坏程度，满足系统动稳定的要求，常常需要自线路两侧无延时地切除被保护线路上任何一点的故障。为此可以采用全线速动的高频保护作为线路的主保护，它是比较被保护线路两侧的电量（如短路功率方向、电流相位等）。以此决定是否跳闸。

系统电压等级 110KV 较高，系统稳定性是比较重要问题，是保证供电质量的重要前提。线路发生三相短路时，有的发电厂厂用母线电压低于允许值（一般约为 70% 额定电压），且其他保护不能无时限和有选择地切除短路，如 AB 线路 80% 处发生三相短路故障，A 变电站高压母线电压只有 0.69 倍额定电压，阶段式距离保护、零序保护不能无时限切除故障，会严重影响发电站的安全稳定运行。为满足系统稳定性、线路发生三相短路时，使发电厂厂用母线电压不低于允许值（一般约为 70% 额定电压），且其他保护不能无时限和有选择地切除短路时，装设一套全线速动保护。此处采用高频闭锁方向保护作为全线速动保护，并作为环网和双侧电源线路的主保护。

2. 系统稳定性

电力系统的机电暂态过程的工程技术问题主要是电力系统的稳定性问题。电力系统的稳定性问题就是当系统在某一正常运行状态下受到某种干扰后，能否经过一定的时间后回到原来的运行状态或过渡到一个新的稳定运行状态的问题。如果能够，则认为系统在该正常运行状态下是稳定的。反之，若系统不能回到原来的运行状态或不能建立一个新的稳定运行状态，则说明系统的状态变量没有一个稳态值，而是随着时间不断增大或振荡，各发电机组转子间一直有相对运动，相对角不断变化，因而系统的功率、电流和电压都不断振荡，以致整个系统不再能继续运行下去，则系统在这种情况下不能保持暂态稳定。

提高暂态稳定的措施，一般首先考虑的是减小扰动后功率差额，因为打扰动后发电机机械功率和电磁功率的差额是导致暂态稳定破坏的主要原因。常用的措施：故障的快速切除和自动重合闸装置的应用，快速切除故障对提高系统的暂态稳定性有决定性作用，因为快速切除故障减小了加速面积，增加了减速面积，提高了发电机之间并列运行的稳定性。另一方面，快速切除故障也可使负荷中的电动机端电压迅速回升，减小了电动机失速和停顿的危险，提高了负荷的稳定性。电力系统的故障特别是高压输电线的故障大多数是短路故障，而这些短路故障大多数又是暂时性的。采用自动重合闸装置，在发生故障的线路上，先切除线路，经过一定时间再合上短路器，如果故障消失则重合闸成功。

3. 高频保护的配置

在现代大型电力系统的超高压远距离输电线路上，为了缩小故障造成的损坏程度，满足系统稳定的要求，常常需要自线路两侧无延时地切除被保护线路上任何一点的故障。

间接比较是两侧保护装置各自只反映本侧的交流电量，高频信号只是将各侧保护装置对故障判别的结果传送到对侧去。线路每一侧的保护根据本侧和对侧保护装置对故障判别的结果进行间接比较，最后做出究竟是否应该跳闸的决定。属于这一类的保护有三种：

（1）高频闭锁方向保护。它是基于间接比较线路两侧的短路功率方向。两侧保护装置，根据各自所测量的短路功率方向，确定是否应发出跳闸闭锁信号。每一侧的保护装置，根据两侧功率方向元件对短路功率方向判别的结果，确定是否应该跳闸。

（2）高频闭锁距离保护。由于距离保护中所用的主要继电器（如起动元件、方向元件等）都是实现高频闭锁方向保护所必需的，因此，在某些情况下，把两者结合起来，就可做成高频闭锁距离保护。区内短路时，两侧的起动元件和方向距离Ⅱ段动作，且都不发高频闭锁信号。保护装置只要方向距离Ⅱ段动作，而又收不到高频闭锁讯号，就立即加速距离Ⅱ段，全线快速跳闸。区外短路时，靠近短路点的一侧，保护判断为反方向故障，所以起动元件动作，方向距离Ⅱ段不动作，立即发出高频闭锁信号。保护装置收到高频闭锁信号后，就将距离Ⅱ段速动跳闸回路闭锁，只能按阶梯时限带延时动作。

（3）高频远方跳闸。用高频电流传送跳闸讯号。区内短路时，保护装置Ⅰ段动作后，快速跳开本侧短路器，并同时向对侧发出高频信号。收到高频信号的一侧，将高频信号与保护Ⅱ段动作进行比较，如Ⅱ段起动即加速动作于跳闸，从而实现区内短路全线快速切除。

二、相间距离保护

对相间短路，单侧电源单回线路装设两段距离保护作为线路的主保护，如线路CD；双侧电源和环网线路装设三段式距离保护作为线路的后备保护，如线路AB。

该电网继电保护采用远后备原则，即在临近故障点的断路器处装设的继电保护或该短路器本身拒动时，能由电源侧上一级断路器处的继电保护动作切除故障，如AB线路A侧继电保护或断路器拒动，由AF线路F侧保护延时切除故障，AF线路F侧保护是AB线路A侧保护的远后备保护，同时又是AF线路F侧保护的近后备保护。

距离保护，是反应故障点至保护安装处的距离，并根据距离的远近而确定动作时间的一种保护装置。距离愈近，动作时间愈短。这样，就可以保证有选择地切除故障线路。

电力系统正常工作时，保护安装处的电压为系统的额定工作电压U_e，线路的电流为负荷电流I_{fh}，而在发生短路时，母线上的电压为残余电压U_{cy}，比正常工作电压下降了很多；线路中的电流为短路电流I_D，比正常负荷电流增加了很多。由此我们可以看出，故障线路保护安装处的电压和电流的比值，在正常状态和故障状态下将有很大的跃变，比单纯的电压值或电流值更清楚地区别正常状态和故障状态。

在正常状态下，比值基本上反映了负荷阻抗。在短路故障状态下比值反映了保护安装处到短路点的阻抗，这个阻抗的大小，代表这一段线路的长度。

三、零序电流保护

对接地短路，单侧电源单回线路装设两段零序电流保护作为线路的主保护，如线路CD；双侧电源和环网线路装设三段式零序电流保护作为线路的后备保护，如线路AB。

由于中性点直接接地系统发生单相接地故障时，接地短路电流很大，所以称之为大接地电流系统。目前我国110KV及以上电力系统均采用中性点直接接地方式。根据运行经验统计，在这种系统中，单相接地故障占总事故的60%~70%，甚至更高，因此，接地保护在大接地电流系统中显得特别重要。

零序保护之所以比较简单、灵敏而又能缩短动作时间，是因为这种保护只反映接地短路时所特有的零序电流或零序电压，而反应零序电流或零序电压的滤序器接线是很简单的。由于在系统正常运行和发生相间短路时，不会出现零序电流和零序电压，因此零序保护的动作电流可以整定地较小，而当发生接地短路时，即有相当大的零序电流和零序电压出现，所以保护装置动作比较灵敏。同时，按动作时间配合以获得选择性的零序保护，不必与/△降压变压器以后的线路保护配合，因为变压器△侧以后的零序电流不会反映到侧，所以接地保护的动作时间大大地缩短。

第三节　继电保护装置检修

继电保护装置进行"状态检验"，其基本思路是依据继电保护装置的"状态"安排检修和试验，基准点足继电保护装置的"状态"。继电保护装置试验在实际操作过程中存在较大的难度，需要长期的经验积累才能准确判断电力设备的"状态"。保护的状态监测将有助于对设备的运行情况、历次检修试验记录等实现有效的管理，并为设备运行状况的分析提供了可靠的信息基础，这将有助于合理地制定设备的检修策略，提高保护装置的可用率，为电网的安全运行提供坚实的基础。

继电保护装置需满足的要求根据继电保护装置在电力系统中所担负的任务，继电保护装置必须满足以下四个基本要求：选择性、快速性、灵敏性、可靠性。

（1）选择性。当供电系统发生事故时，继电保护装置应能有选择地将事故段切除。即断开距离事故点最近的开关设备，从而保证供电系统的其他部分能正常运行。

（2）快速性。短路时，可以快速切除故障，以缩小故障范围，减少短路电流引起的破坏。提高系统的稳定性。在有些情况下，快速动作与选择性的要求是有矛盾的。在6~10kV的配电装置中，如果不能同时满足以上两个要求时，则应首先满足选择性的要求。但是如果不快速地切除故障会对生产造成很大的破坏时，则应选用快速但选择性较差的保护装置。

（3）灵敏性继电保护装置对保护设备可能发生的故障和正常运行的情况，能够灵敏的感受和灵敏地作，保护装置的灵敏性以灵敏系数衡量。

（4）可靠性对各种故障和不正常的运方式，应保证可靠动作，误动也不拒动，即有足够的可靠性。

一、继电保护装置检修的现状及存在问题

继电保护及其自动保护装置的质量关系到电力系统的可靠性、选择性、灵敏性和准确性。继电保护及其自动保护装置的质量控制达不到国标要求，其保护装置不能有效、快速的切除短路故障，自动保护装置不能有效的缩小停电范围，给社会经济、人民的生产、生活带来巨大损失和影响。

装置检修管理中的策略选择能更好地对继电保护及其自动保护装置的质量进行有效排查、对存在寄生回路的保护装置进行确认并立即落实整改。装置检修管理中的策略选择能有效地协调与控制在继电保护检修中的管理、检修和运行人员进行整改方案的贯彻，更好地做好在继电保护检修中危险点分写和预控措施，在检修、改造后认真全面的试验和验证，确保整改实施工作安全有序地进行。电力系统中继电保护装置占据着重要的位置，由于继电保护能够快速、可靠地保障电网的正常、安全、稳定运行，电力系统中继电保护的动作失效、误动、拒动、都会引起电力系统的故障，继电保护装置在电力系统中的地位越来越重要。对电保护装置的检修现状和存在问题的了解能够很好地进行装置检修管理中的策略选择。

（一）继电保护装置检修现状

当前继电保护装置的检修多以人工巡视为主，这种方式虽然一定程度上能够发现故障隐患，但是仍然存在着某种程度上的不足。定期检修是按照周期检修排查，使得周期检修内的故障不能及时发现，除此之外周期检修会造成很大的人力、物力、时间的过剩浪费。由于电力设备对于生产的重要性，其检修时间越短对生产生活的影响就会越小。随着变电站和输电线路的越来越多，继电保护检验工作量急剧增加。继电保护系统作为保障电力系统正常运行的重要手段，其检修方式必须做出改变以适应不断发展的电力生产发展的需求。

电力检修的发展趋势是要求检修快速、效率高、时间短、质量可靠，可是目前相应的电力检修人员的工作水平、质量意识、工作状态并未随着电网规模的扩大正比增长，使得技术人员长期超负荷工作，继而完成率无法保证，而且容易发生落下工具在施工装置、接线错误、误操作等严重事故。电网的可靠、安全运行，继电保护装置检修必须寻找新的解决方案和方法，装置的质量提高、集成度提高、智能化发展能在一定程度能解决上述存在的问题。

随着电力系统的二次设备的数量的日益增多，继电保护装置在系统中的作用显得越来

越重要，以前周期性的状态检修的负面影响和效率日益加剧，而设备的频繁检修相应的缩短了设备的使用寿命，降低了设备的经济性和电网的正常运转，给客户带来很大的损失与不便。继电保护装置检修日益复杂，对于电网分布广、要求可靠性高、维护工作量大、涉及工作人员多、涉及行业多、涉及学科多等特点逐渐体现出来。

继电保护装置现实中的检修管理人员的工作量不断加大，设备故障频繁发生、设备的经济效益逐渐降低，给检修策略带来很大的短板。操作人员对继电保护装置的了解，特别是随着继电保护装置的智能化、集成化、简约化的发展，操作人员对继电保护装置的认识处于"静态"观念，在电力系统故障或者发生异常的状况下，根据检测到的电力系统故障或异常的电器参数启动，通过自身的逻辑回路加以识别、灵敏、可靠、有选择地将故障迅速给以警示，动作时间往往在几毫秒到几秒时间，操作人员对继电保护的了解还处于静止状态，如果保护装置不动作，电力系统不发生故障，继电保护装置的动作特性就会无从了解和认识到。通常继电保护的状态有设备故障保护动作、保护装置误动作、继电保护装置试验和传动失灵三种经常性、普遍性问题存在。例如继电保护动作装置出口继电器线圈断线，由于线圈匝数多，线径细并且外部无特性表现出来，运行值班人员虽然长期巡视观察也很难发现，只有采用适当的检测装置和相应的辅助手段对其进行测试和试验，才能有效地鉴别和判断，以做到防患于未然，不会引起很大的灾难性电力事故发生和人员伤亡。

（二）继电保护装置检修存在的问题

鉴于目前继电保护装置的现状分析，电力系统继电保护装置检修存在的问题主要体现在以下四个方面。

1.装置的元器件可靠性问题

继电保护生产厂家存在装置质量问题，设备某些继电保护装置检修管理的材料选择和采购长时间处于地下室的阴冷密闭潮湿环境中，出现生锈、腐蚀现象导致设备螺母紧固性不好，设备内继电器投切出现问题。在现场的检修和调试过程中出现的问题不一而足。根据浴盆曲线，其定义为电力系统继电保护装置的设备和元件在电力现场的环境条件和预定设计时间内，完成规定功能的能力。由浴盆曲线可以看出，由于电力设备生产厂家的设计、制造、加工、检测、组装、调试、焊接等存在着调试以及运行人员对设备性能和参数以及各个功能的测试不是十分了解，操作不够熟练，造成了新投产设备的发生事故的概率以及解决问题的时间相对较长，继电保护装置的发生概率也比较大。由于长期运行，绝缘老化，继电保护装置检修管理的材料选择和采购劣化以及机械振动存在的紧固器件松动等其他原因，使得继电保护装置的寿命相对设计和技术标准较早的进入老化期，事故多发、频发。

2. 装置的运行状态监测水平问题

继电保护装置运行安装在全国的不同地点，各种电压等级均有应用，复杂程度不一而足，各地的继电保护装置在线监测系统应用水平参差不齐，给各个地方的运行管理带来了不少麻烦和故障，给电力客户带来了生产和生活的不便，带来了很大的经济损失。由于各个地方的继电保护装置标准产生、招投标、挂网运行、试验资质、现场施工周期、现场运维等存在的问题，造成了许多不成熟产品在运行时经常会产生通信误报，通信故障，给在线监测技术造成了巨大的障碍，电力系统继电保护装置的检修、在线监测引用存在着许多不规范的地方，反映了电力客户在线监测设备的运行管理上存在的漏洞很大。

3. 装置的定期检查问题

继电保护装置应该事先其灵敏性、可靠性、选择性、速动性，而继电保护装置的定期检修在电力检修中许多方面流于形式。目前继电保护装置的定期巡检主要从两个方面去进行，一是装置的研制上，装置厂家对所用的元器件使用寿命和工艺进行优劣选择、试验、淘汰以及电磁兼容、老化试验、寿命检验等，对几点包装做出评价，给出分析报告以供电力部门参考。研制和设备商家在这方面常常流于形式，或者以次充好，能够实现灵敏性、可靠性、选择性、速动性，即可出厂，并未深究其产品的电磁兼容、老化试验、寿命检验以及严酷环境条件下的产品寿命，给现场带来了极大的隐患。一是在运行方面的定期巡检，在定期巡检上电力部门要求专业组织去分类统计和研究使用中的继电保护装置的维护和检验方面出现的问题和容易发生故障的地方，通过定期的检验以发现保护装置的检验周期和检验的项目和细节。但在实际的操作过程中，检验周期的缩短以及检验人员观念的思维定式，造成了定期检查并没有认真落实到位，从细节上做好情况。

4. 检修管理制度的执行问题

电力部门继电保护管理部门应该加强组织管理工作，制定相应的状态检修工作，确定全年以及阶段性的状态检修总体目标，明确继电保护各个职能部门的职责，健全继电保护装置以及设备的状态检修工作的各项管理制度，规定和实施办法，建立和完善继电保护装置以及检修的状态体系和评估办法，认真做好设备运行情况、设备运行缺陷信息、故障率统计和发生故障信息以及继电保护装置的检修数据等综合状态信息，依据制定的各项管理制度、规定和试试办法以及建立的评估体系对设备和装置进行状态信息进行量化评估，从而判定装置和继电保护装置实际运行的真实状态。

目前继电保护装置的状态检修并没有按照相应制度和条例健全各项管理制度、规定和办法，存在着以下方面的问题：正常状态标示不清，没有设备和装置的齐全资料，各种运行以及实验数据存在伪造和数据不完整的状况，个别出现偏差的数据并未出现在状态检修的过程中。设备和继电保护装置的运行可疑状态没有出现在状态检修中，装置和设备由于某种不明原因以及之前的运行维护和制造过程中现场并未出现的缺陷或者数据异常没有记录和出现，但是由于某些原因以及不确定因素而短时间内无法检出错误的装置以及设备。对于可靠性能下降以及遥测量需要校准精度的装置以及设备，由于存在比较严重的缺陷，试验结果需要分析，查找问题，对于存在隐患的设备短时期内不会发生事故或出现问题的设备和装置需要查找和监测。

（三）原因分析

当前继电保护装置的检修在一定程度上能够发现故障隐患，但是仍然存在着某种程度上的不足。无论是定期检修还是按照周期检修排查，使得周期检修内的故障不能及时发现，除此之外周期检修会造成很大的人力、物力、时间的过剩浪费。电力系统继电保护装置对于生产的重要性不言而喻，其检修时间越短对生产生活的影响就会越小，带给生产、生活的影响和损失也就会越小。随着大容量变电站和长距离输电线路以及分布式能源的发展越来越多，继电保护检验工作量急剧增加。继电保护系统作为保障电力系统正常运行的重要手段，其检修方式必须做出改变以适应不断发展的电力生产发展的需求，针对以上继电保护装置存在的问题，其原因分析主要有以下：

1. 继电保护装置生产厂家质量把关不严

由于继电保护生产厂家存在装置质量问题，加之继电保护装置以及设备某些继电保护装置检修管理的材料选择和采购长时间处于地下室的阴冷密闭潮湿环境中，出现生锈、腐蚀现象导致设备螺母紧固性不好，设备内继电器投切出现问题。再者继电保护在生产、运输途中的纸漏造成质量出现问题以及在现场的检修和调试过程中出现的问题都会造成电力系统继电保护装置的质量问题。根据浴盆曲线继电保护装置应该能够很好地完成电力系统继电保护装置的设备和元件在电力现场的环境条件和预定设计时间内，完成预定和规定功能的能力。电力设备继电保护装饰生产厂家的设计、制造、加工、检测、组装、调试、焊接等存在着调试以及运行人员对设备性能和参数以及各个功能的测试应该形成制度化，检修、操作人员应该熟练操作流程，减小新投产设备的发生事故的概率，缩短解决问题的时间，降低继电保护装置的发生概率。电力系统继电保护装置的长期运行绝缘老化，继电保护装置检修管理的材料选择和采购劣化以及机械振动存在的紧固器件松动常规原因等问题应该防患于未然，着重解决此类问题的发生，坚决杜绝此类事件的发生，使继电保护装置的寿命严格执行设计和技术标准，使得产品质量应该有严格的保证，保护电力客户的用电质量和安全。

2. 运行监控人员现场工作经验欠缺

继电保护装置在线监测安装较多，在全国的不同地点，各种电压等级均有应用，复杂程度也不一样，各种电压等级的继电保护装置在线监测系统状况各不一样，有些运行时间较长，质量和运行维护经验较为成熟，状态监测的技术也相对较为成热。相对而言，电力系统继电保护装置就以往现场运行维护环境的分析和建议，许多继电保护装置的在线监测装置也是新研发、安装和现场挂网运行，相对而言技术和现场运行经验相对欠缺，这些情况给各个地方的运行管理带来了不少麻烦和故障，给电力客户带来了生产和生活带了不便和巨大经济损失。各个地方的继电保护装置标准产生、招投标、挂网运行、试验资质、现场施工周期、现场运维流程存在较大差别，按照规程和流程进行的情况也较为复杂，造成了许多不成熟产品在运行时经常会产生通信误报，通信故障，在线监测技术造成了继电保护装置灵敏性、可靠性、选择性打来巨大的挑战，给电力系统继电保护装置的检修、在线监测引用带来很大的影响，反映了电力客户在线监测设备的运行管理上的经验欠缺。

3.设备的定期巡检没有落实到位

继电保护装置具有灵敏性、可靠性、选择性、速动性，从而继电保护装置的定期检修和巡检在电力检修中显得非常重要，能够确保其灵敏性、可靠性、选择性、速动性。但在实际的操作过程中，检验人员观念的思维定式、检验周期的缩短、检验人员理论和实际操作水平参差不齐，造成了定期检查并没有认真落实到位的情况非常普遍。目前继电保护装置的定期巡检主要从装置的研制和装置运行维护上进行，在电力系统继电保护装置的研发、制造方面，装置厂家对所用的元器件使用寿命和工艺进行优劣选择、试验、淘汰以及电磁兼容、老化试验、寿命检验等，需要做出评价，给出分析报告以供电力部门参考。研制和设备商家在这方面常常流于形式，在批量生产上常常发生器件的选用档次要比样品制造质量要低，厂家从追求价格和利润的出发，以次充好，产品在长时间运行中并不能真正实现灵敏性、可靠性、选择性、速动性。究其原因在于厂家并未深究其产品的电磁兼容、老化试验、寿命检验以及严酷环境条件下的产品寿命，给现场带来极大的隐患。继电保护的运行维护方面，定期巡检方面电力部门也没有按照要求专业组织去分类统计和研究使用中的继电保护装置的维护和检验方面的出现的问题和容易发生故障的地方，造成了装置在运行中时常出现问题。

4.检修制度和规程执行情况较差

状态检修对于电力部门继电保护管理部门而言，检修人员应该加强组织管理工作，制定相应的状态检修工作，确定全年以及阶段性的状态检修总体目标，明确继电保护各个职能部门的职责，健全继电保护装置以及设备的状态检修工作的各项管理制度，规定和实施办法，建立和完善继电保护装置以及检修的状态体系和评估办法，认真做好设备运行情况、设备运行缺陷信息、故障率统计和发生故障信息以及继电保护装置的检修数据等综合状态信息，依据制定的各项管理制度、规定和试试办法以及建立的评估体系对设备和装置进行状态信息进行量化评估，从而判定装置和继电保护装置实际运行的真实状态。状态检修的规则化、条理化、制度化是关系到电力部门继电保护装置选择性、速动性、灵敏性、可靠性的关键所在。

随着电力继电保护装置检修并没有按照相应制度和条例健全各项管理制度、规定和办法的制定以及完备，从现场排查的结果来看电力继电保护装置检修主要存在问题：一是对于继电保护装置的设备工作性能标示不清，没有设备和装置的齐全资料，各种运行以及实验数据存在伪造和数据不完整的状况，个别出现偏差的数据并未出现在状态检修的过程中。二是设备和继电保护装置的运行可疑状态没有出现在状态检修中，装置和设备的由于某种不明原因以及之前的运行维护和制造过程中现场并未出现的缺陷或者数据异常没有记录和出现，但是由于某些原因以及不确定因素而短时间内无法检出错误的装置以及设备。三对于可靠性能下降以及遥测量需要校准精度的继电保护装置以及设备，由于存在比较严重的缺陷，试验结果需要分析，查找问题，对于存在隐患的设备短时期内不会发生事故或出现问题的设备和装置需要查找和监测。

以上是电力继电保护检修管理中存在的问题的主要原因所在，除此之外对于故障诊断中存在的同款设备与往年、以往批次的校验、比较，显著性差异做得不够，现场排查没有落到实处。对于同类型产品，不同厂家之间的比较，相关运行维护以及检修人员使用过程中的相互混淆，功能不能分辨清楚也存在着较大的问题。对于同种类型，同种厂家出产的产品运行情况中存在的较大差异，相应的运行维护以及检修人员在工作过程中也没有很好地做好。

二、继电保护装置检修的策略

电力系统继电保护的发展方向向着计算机化、网络化、继电保护、控制、测量、数据一体化及智能化方向发展，加之电力系统对供电可靠性要求提高，装置检修管理中的策略选择在继电保护检修中关系到用电客户的切身利益，在项目实施过程中常要求检修和相关负责人员提高工作效率，加快工作进度。因此检修前的评估及状态识别制定在整个状态检修工程中显得尤为重要。电力系统的继电保护日新月异，如今的继电保护设备和技术的发展方向朝着计算机化、网络化、智能化以及测量、控制、保护和数据一体化的方向发展，因此了解继电保护的发展方向对于制定项目检修的策略有着非常重要的作用。

（一）继电保护装置检修存在的难点

目前，继电保护装置在电力系统中的发展朝着如下四方面进行，造成继电保护装置检修管理存面临着前所未有的难题和局面。

1. 全面集成化

随着计算机硬件的不断进步，微机保护硬件得到了非常有利的技术支持，取得了很好的发展。现如今，同微机保护装置大小相似的工控机的速度、功能和存储容量极大地超过了当年的小型机。所以，应用成套工控机做成继电保护的时一机已经相当成熟，这将是微机保护发展的一个非常有前景的方向之一。近些年来，我国社会经济技术水平得到迅猛发展，国民生活水平得到大幅提高，人们的生活对于电的需求也在日益增大，电在生产生活的方方面面都给我们带来了巨大的便利，电力产业的继电保护装置状态检修在这种良好的氛围中取得了质的变化，但同时，生产生活对于电的要求也越来越高，供电质量和电力系统运行效率是电的最基本保证要求，这也给电力产业的发展带来了严峻的挑战。而目前在确保电力系统经济高效及安全可靠方面起着至关重要作用的便是继电保护装置，电网在运行过程中由于电气设备绝缘装置损坏等原因容易引发系统运行异常或短路事故，这会对电气设备的使用寿命造成严重的影响，给电力生产运输带来很大的经济损失，同时也极大影响着正常供电，继电保护在这种时候往往能起到很好的抑制作用，能防止电力事故的发生或有效阻止事故的扩大化。电力系统对于微机保护的要求也在不断提高，除了保护的功能之外，还应一该具备大容量的故障信息和数据长期存放空间。快速继电保护装置状态检修数据处理功能，与其他保护、调度互联网及其共享全系统数据的能力，高级语宫一编程是现在继电保护自动控制与保护设备的鲜明特点。

2. 网络信息化

计算机网络作为信息和数据通信工具已经是信息时代的技术支柱。电力系统继电保护的网络化在继电保护的通信控制中显得十分重要，能够保证自动控制设备的测量单元、显示单元、控制单元、模数计算单元、远方通信单元的交互时间缩短，达到快速保护负荷的作用。如果没有强有力的数据通信手段，当前的继电器保护装置只是反映保护安装处的电气量，切除故障元器件，缩小事故影响范围。在提出了系统保护这一个概念之后，电力系统继电保护将全系统的各个主要设备的保护装置用计算机网络连接起来，真正实现继电保护能保证全系统的安全稳定运行。要确保保护对于电力系统运行方式和故障状态的自适应，一定要获得更多的系统运行信息，这样才能够真正实现计算机网络。

3. 高度智能化

人们已经对于继电保护实现了计算机化和网络化，保护装置实际上是一台高性能的计算机，是整个网络上的一个智能终端，它能够很好地从网上获取电力系统在运行的过程中出现的各种故障信息和数据，也能够将它获得的被保护元件的数据传送给网络当中的终端。每一个微机保护装置不仅能够很好地完成继电保护的作用，同时还能够在无故障的情况下完成测量、控制和通信的功能。

4. 装置检修的复杂化

近些年来，人工柳能技术例如神经网络、进化规划、遗传算法等在电力系统当中得到了非常广泛的应用，在继电保护领域的研究过程中也逐渐开始。神经网络是一种非线性映射的方法，很多难以求解的问题，应用神经网络的方法都能够得到很好的解决。诸如在输电线的两侧系统电势角度摆开情况下发生经过渡电阻的短路就是一个非线性的问题，距离保护并不能够很好地做出故障位置的判断，其他如遗传算法等也有其独特解题的能力将这些人工智能方法有机地结合在一起能够使得求解速度加快。可见，人工智能技术在继电保护领域当中必然会得到应用，以解决常规方法难以解决的问题。

由于电力系统继电保护发展的上述四个方面，建立继电保护评估及状态识别十分必要。建设工程进度控制是指在根据工程项目建设各个阶段的工作内容、工作程序、持续时间和衔接关系以及项目总目标和资源优化配置的原则编制的计划。在继电保护检修工作中，存在着许多影响工程检修进度的因素，这些因素往往来自不同的部门和不同的时期，对建设工程进度产生复杂的影响，因此评估及状态识别编制人员需要实现根据电力系统继电保护检修所在项目工程进度的各种因素进行相应的调查分析，预测对于实施检修计划带来的影响，确定合理的评估及状态识别。在检修进度的过程中，每个阶段的实施项目过程中应该在各个项目之间留有适当的时间弹性余地，这样在检修计划实施的过程中会有较强的可行性，使得工程进度能够按照设计的工程进度来执行。

继电保护装置检修管理中的策略选择对于电力系统的继电保护来说，继电保护装置检修管理的策略选择显得尤为重要，因为电力系统安全、稳定运行是首要的。继电保护装置检修管理在继电保护检修中的策略选择应该能保证质量标准、质量计划、质量目标、质量保证、策略选择、质量审查。

继电保护检修中的策略选择中的质量标准应该符合相关规定。继电保护检修中的策略选择中的质量标准应该对检修中的策略选择进行原则性的描述，促进管理、检修和运行人员在项目实施中的协调性和规范性，使得检修人员在继电保护装置的检修和排查中提供有效的规则和方针。

继电保护检修中的策略选择中的质量计划是按照质量标准进行的符合现场继电保护自动装置检修运行指定的一系列检测步骤。其包括项目检修中的所有继电保护自动装置，设计检修方案满足现场电力设备供电要求，能可靠、选择、灵敏和准确地对保护装置进行相应的动作，达到继电保护检修中的质量目标。

继电保护检修中的策略选择中的质量目标是组织质量标准的一部分，由一些特殊的目标组成，对完成已描述的目标有时间控制。质量目标必须精心制定，无效的质量目标会造成电力系统不可估量的损失。继电保护检修中的质量目标必须按照条文列出，在供电检修、系统发电运行前逐项检测和达标。

继电保护检修中的策略选择中的质量保证包括项目检修过程中的提供信息的外部过程，能保证继电保护项目实施的范围控制、费用和进度功能的完全集成。质量保证阶段，继电保护相关人员应该建立管理程序和保证程序。继电保护检修中的策略选择中的质量保证能够有效地识别质量目标和质量标准，多功能的进行预控，并在此过程中编制计划，建立和维持绩效评估，形成有效的质量审核。

继电保护检修中的策略选择中应该建立有效地继电保护自动装置的检修技术方法和程序保证项目检修过程的顺利实施，运行的可靠性和长久性，保证满意质量的形成。为此，策略选择应该提供正确检修的设定标准，建立相应的测量、测试方法，通过对实地测量结果与设定标准进行比对，在此过程中应该使用管理和校准过的测量设备来进行，并形成相应的详细文件和文档，以备质量审查。继电保护检修中的策略选择中的质量审查是电力系统最终审查人员进行的独立评鉴过程，保证项目符合质量管理要求和遵照已经建立的质量标准和质量目标。因此，继电保护检修中的策略选择中的质量审查应该符合项目质量已经满足要求，继电保护自动装置安全、适用、遵守继电保护检修中的质量标准，策略选择的数据准确、充分。

继电保护装置检修管理在继电保护检修中的策略选择应能保证质量标准、质量计划、质量目标、质量保证、策略选择、质量审查，这六个方面相辅相成、相互制约有效地保证继电保护装置检修管理在继电保护检修中的策略选择方面的顺利进行。继电保护装置检修管理在继电保护检修中的按照质量标准制定质量计划实施项目检修，同时项目检修的所有步骤都应该符合相应的国标策略选择标准。通过质量标准进行策略选择，在策略选择方面又得按照质量标准和质量目标进行。在继电保护的工作过程中进行相应的质量保证。如果项目实施阶段满足质量目标和质量标准则项目检修合格。如果不符合则重新进行项目检修和调试。

继电保护检修中的策略选择中，在执行质量计划过程中，严格按照上述列出的相关国标和行业标准。质量计划制订以后，严格控制策略选择过程，在策略选择过程中，按照质量计划列出的相关标准，遵循质量标准和质量目标。如果在执行项目检修的过程中满足质量审查中的标准检修合格，如若不满足相应的质量标准和质量目标则重新进行项目检修。

（二）继电保护装置故障检修评估及状态识别

随着电力系统中继电保护装置的高度集成化，继电保护实现了计算机化和网络化，保护装置实际上是一台高性能的计算机，是整个网络上的一个智能终端，它能够很好地从网上获取电力系统在运行的过程中出现的各种故障信息和数据，也能够将它获得的被保护元件的数据传送给网络当中的终端。每一个微机保护装置不仅能够很好地完成继电保护的作用，同时还能够在无故障的情况下完成测量、控制和通信的功能。

继电保护装置的故障检测评估以及状态识别对继电保护装置的高度集成化是一个很好的解决方案。随着人工智能技术例如神经网络、进化规划、遗传算法等在电力系统当中得到了非常广泛的应用，在继电保护领域的研究过程中也逐渐开始。神经网络是一种非线性映射的方法，很多难以求解的问题，应用神经网络的方法对故障检测评估以及状态识别能够得到很好的解决。人工智能技术在继电保护领域当中必然会得到应用，以解决常规方法难以解决的问题。

对于继电保护装置的故障检测的评估而言，建立继电保护评估及状态识别十分必要。建设工程进度控制是指在根据工程项目建设各个阶段的工作内容、工作程序、持续时间和衔接关系以及项目总目标和资源优化配置的原则编制的计划。在继电保护检修工作中，存在着许多影响工程检修进度的因素，这些因素往往来自不同的部门和不同的时期，对建设工程进度产生复杂的影响，因此故障检测评估及状态识别编制人员需要实现根据电力系统继电保护检修所在项目工程进度的各种因素进行相应的调查分析，预测对于实施检修计划带来的影响，确定合理的评估及状态识别。在检修进度的过程中，每个阶段的实施项目过程中应该在各个项目之间留有适当的时间弹性余地，这样在检修计划实施的过程中会有较强的可行性，使得工程进度能够按照设计的工程进度来执行。

电力系统继电保护的发展方向向着计算机化、网络化、继电保护、控制、测量、数据一体化及智能化方向发展，加之现在电力系统继电保护自动化保护设备的复杂性，特将继电保护评估及状态识别按照以下三个方面来执行：

1. 装置运行故障检测评估及状态识别计划

电力系统继电保护装置检修项目故障检测评估及状态识别总计划用于对电力系统继电保护检修工程的管理，能够反映在检修过程中每个阶段所需要花费的时间和每一个检修阶段所做的工作量以及完成的检测评估及状态识别。在此过程中，电力系统继电保护检修总故障检测评估及状态识别按照基本的检修标准和检修目标进行相应的指定各个阶段的时间。电力系统继电保护的检修总故障检测评估及状态识别应该从检修项目建议书和电力系统继电保护检修可执行报告来进行相应的编写。在最终确定执行的版本时，可能在这个过程中需要根据各个部门的协调来做相应的调整，需要部门之间的协调进而需要反复的调整，对于评估过程中难以确定的，应该按照电力系统继电保护检修总故障检测评估及状态识别的时间要求，反复推敲斟酌进行相应项目执行的时间确定。

电力系统继电保护有些检修项目仅仅是施工，在总故障检测评估及状态识别中需要将项目施工开工时间一直到检修项目验收竣工结束，都要有相应的文件故障检测评估及状态识别，规避了工作过程中时间不确定的问题。

2. 装置检修项目设计故障检测评估及状态识别计划

电力系统继电保护的设计的故障检测评估及状态识别计划包括电力系统继电保护检修初步设计和电力系统继电保护检修施工图两个阶段，有相应的设计部门和单位按照要求和设计的进度和难易程度进行相应的编制，编制完成之后，需要有相应的电力系统继电保护审核单位进行审校才能生效。

（1）继电保护装置故障检测评估及状态识别初步计划

电力系统继电保护检修初步计划由电力系统继电保护故障检测评估及状态识别设计总进度计划和电力系统继电保护检修专业进度计划组成。电力系统继电保护检修设计中需要由许多部门同时作业才能完成，有的施工则需要由专门的单位和厂家协调才能完成工程进度。欲使设计进度能顺利进行，不仅需要制定周详的电力系统继电保护检修计划，在计划中还要明确各个阶段的实施时间，在各个阶段实施完成的时间前提下，避免个别部门影响到其他部门的调试和检修工作，导致整个电力系统继电保护检修计划的工程进度受到影响。

（2）继电保护装置故障检测评估及状态识别施工图设计进度计划

电力系统继电保护装置故障检测评估及状态识别检修施工图由电力系统继电保护单位工程设计进度计划，单位工程专业进度计划和项目总设计进度计划组成。在施工图的进度计划中，需要考虑电力系统继电保护检修计划实施的各个部门、单位以及相应的继电保护自动化设备生产厂家协调，需要考虑各个部门、厂家的配合，在时间上应该相互照应，设计上应该留出相应的前提时间，注意到相互部门之间工程检修进度的影响，以免影响总的电力系统继电保护检修施工进度。

电力系统继电保护检修施工图的制定上应该严格时间限制，标定施工单位、生产厂家、施工时间、完工期限以及相应的验收时间和单位等。对于施工图中工作持续时间用 $D_{i,j}$ 表示，工作时间的估算方法主要有如下三种：

1）定量计算法：定额计算法是根据继电保护项目检修的工作量和工作进度经计算得出工作持续时间的方法。其时间公式为：

$$T=Q/R \cdot S$$

式中：t——工作持续时间，可以用时、日、周、月等表示；

Q——工作的工程量，以实物量度单位表示；

R——人力或机械的资源数量，以人或台数表示；

S——工作效率，以单位时间完成的工作量表示。

2）专家判断：根据继电保护相应项目检修计划安排专家判断，主要依赖于历史的经验和信息，当然其时间估计的结果也具有一定的不确定性和策略。

3）类比估计：类比估计意味着之前继电保护项目检修的实际工程项目的工作时间来推测估计当前继电保护项目检修各工作的安排实际时间。这是一种最为常用的方法，类比估计可以说是专家判断的另一种形式。

对于继电保护项目检修工作最早开始时间是指该工作的项目检修计划工作已全部完成，继电保护检修工作有可能开始的最早时刻，用 ES_{i-j} 表示。由此可见项目检修工作的最早开始时间与表示该工作的尾节点的最早完成时间是相等的，即 $ES_{i-j}=ET_i$。工作最早完成时间是指继电保护各项项目检修工作完成后，项目检修工作有可能完成的最早时刻，用 ES_{i-j} 表示，由上知，$ES_{i-j}=ES_{i,j}+D_{i,j}$。继电保护检修工作的最迟开始时间是在不影响整个检修项目按期完成的前提下，检修工作必须开始的最迟时刻，用 LS_{i-j} 表示。继电保护项目检修工作最迟完成时间是指在不影响整个项目按期完成的前提下，本工作必须完成的最迟时刻，用 LF_{i-j} 表示，由上知 $LF_{i-j}=LS_{i-j}+D_{i-j}$。

（三）电力系统继电保护装置检修管理中的策略分析

电力系统中继电保护装置的检修策略分析对于提高继电保护装置检修质量、降低检修成本、缩短检修周期起到至关重要的作用。随着电网规模的不断扩大，由于继电保护系统能快速、可靠的保障电网的正常、安全、稳定运行，所以其在电力系统中的地位越来越显得重要。在制定电力系统继电保护检修策略的过程中需要制定合理有效的规章制度，完善电网安全运行管理体制，明确技术分工，完善继电保护小组考核机制。检修策略分析制定管理者和决策者应该着力抓好基础管理，继电保护各部门需要及时协调，落实安全责任及相关的管理制度和措施，提高继电保护工作现场的安全管理水平以及对本单位以及外单位的设备的监督力度，制定安全可行的检修方案，及时检查并检修存在的问题，落实监督，落实监督考核责任。

电力系统继电保护装置检修策略在继电保护中应用的进度控制图，将每项任务的检修策略分析进度计划和相应的安排都直观地反映在图中，便于供电检修和控制，每一项的工作安排也有相应的裕度量控制。在继电保护的供电检修中的所有项目安排都可以参照继电保护装置检修管理的进度控制图进行制定，便于检修管理人员直观的控制进度和安排总体计划。继电保护项目检修工程项目目标明确后，对于项目检修就要制定出完善的项目进度计划，须对检修工程项目进行划分，以了解和明晰继电保护项目检修所包含的各项工作。检修项目分解是编制项目检修进度计划以及进行项目检修进度控制的基础。检修项目即为把复杂的项目逐步分解成一层一层具体、明确、可控、可以立即执行的细分工作。对于不同性质、规模的继电保护检修项目，其结构分解的方法和思路有很大的差别，但分解过程类似。继电保护检修项目以项目目标体系为主导，以项目的技术系统说明为依据，由上而下，由粗到细逐层分解。对于继电保护检修项目结构分解，必须结合项目的特点、环境以及实施方案将项目划分成便于实施、控制、跟踪、检测的工作单元。在继电保护检修项目分解的过程中首先要保证项目结构的系统性和完整性，分解的结果应包括项目所包含的所有继电保护检修工作，不能有遗漏；同时方便进行责任的分解、分配和落实。继电保护检修项目分解的工具是工作分解结构 WBS 原理，它是一个分级的树型结构，是一个对继电保护检修项目工作由粗到细的分解过程。其分解的结果就是 WBS 树型图或 WBS 工作表。它可以将项目分解到相对独立的，内容单一易于成本核算与检查的项目单元，并能把各项目单元在项目中的地位与构成直观地表示出来。

如 220kV 变电站继电保护项目检修进度工包含准备阶段、实施阶段、验收阶段和继电保护装置检修管理四个阶段。准备阶段的计划分解包括熟悉保护检修的图纸，根据设计部门的图纸安排工作施工地点和相应的人员安排，确定施工方案。方案确定之后，需要跟相应的继电保护安装检修单位联系协调人员和时间安排。在项目施工前还需要施工单位对图纸进行审查，然后进行继电保护设备的采购。在项目实施阶段，施工过程中，需要检修人员与安装继电保护设备单位值班人员交接，在检修过程中，需要对电力系统一次、二次设备进行测量，并对继电保护设备进行参数设定和检查。项目检修实施完工后，需要对项目进行验收，验收过程中需要将所有的继电保护设备厂家的说明书、质量保证书等资格证书上交供电检修部门，然后对电力设备和继电保护设备进行验收测试，测试完毕后系统发电投运，进入继电保护装置检修管理阶段。

在制订电力系统继电保护检修项目施工进度计划过程中，应该避免继电保护出现问题，首先从源头要保证设计的准确性，制订详细的设计和调试方案，并对每个环节严格把关，对每个环节、每项功能都要严格审查，及时解决存在的问题，绝不让设备存在任何安全隐患。要把质量关，包括器件质量和设备质量，特别是提高操作箱、收发信机等外围器件和设备的质量，以防错线、元器件损坏造成的误动和拒动。加强设备的检验和检修，在制订计划过程中防止老化器件的安装和实际，发现问题及时解决。电力系统继电保护检修项目施工进度计划过程中可分为施工总进度计划、部门电力系统继电保护检修项目施工进度计划、单位工程电力系统继电保护检修项目施工进度计划和分部电力系统继电保护检修项目施工进度计划。

电力系统极端保护装置检修策略分析应用的前导关系示意图中，每项设计的任务必须在继电保护检修的任务期限中安排完毕并完成，有时叫作单代号网络分析法，其中的箭头表示活动间的相互关系与约束。在前导关系示意图初期，表示完成和开始的约束条件。

电力系统继电保护装置检修策略分析进度管理以及在继电保护项目检修的过程中需要实时控制项目进度，现场工作负责人员需要协调各个方面的人力、物力、财力达到进度报告中的工期、质量的要求标准。现场继电保护项目检修进度报告表能够很好地对项目各个方面的施工进度做了解、调配宏观控制项目检修进度。表中检修时间占总检修工期比例、已完成检修工作量占总检修工作量比例、已完成检修的任务实际时间、费用及检修质量状况、已完成检修的任务计划时间、费用及检修质量要求情况、目前检修状况对检修工期、质量、费用的影响、现场检修人员安排情况、其他检修需要备注情况、现场检修技术情况及检修安全情况等均需要调查填表交由工程检修监理部门统一保管，便于协查。

电力系统继电保护装置检修策略分析在实施过程造成的偏差的原因主要有以下几个方面：

1）初期设计的原因

如在设计中基础资料不准确，造成计算错误：出现重大设计变更；设计图纸差错率较高；图纸交付不及时、设计部门之间协调等。

2）检修计划的原因

在项目计划阶段疏漏，造成计划不周全，项目工作持续时间估算不准确，遗漏工作，逻辑关系不合理，搭接时间不准确等。

3）现场实施的原因

在项目实施过程中造成进度偏差的常见原因有：人力资源、投入不足；设备、继电保护装置检修管理的材料选择和采购供应不及时；资金支付滞后；设备或继电保护装置检修管理的材料选择和采购出现质量问题；发生质量事故造成返工等。

4）检修环境的原因

继电保护项目检修中造成工程环境问题已经成为阻碍项目进度的主要原因。常见的有：通道受阻；雨、雾、雪等天气原因；道路交通问题；供电部门、用户协调等。

继电保护装置检修策略分析对于综合自动化变电站的继电保护设备的检修和现场调试进度控制有着重要的指导意义，首先进行工作前的准备，工作前的准备一般应落实设备运行情况，了解设计图纸，综合装置厂家，明白设计与接线回路是否清晰，原理接线有无问题。从厂家收集装置型号以及必要的装置技术说明书和设备出厂装置调试大纲，准备继电保护调试规程和必要的工器具和继电保护校验仪以及试验设备。工作负责人对工作量进行分解，合理安排进行人员分工。如属改（扩）建的变电站，要考虑运行设备的状态与调试设备有无直接和间接关联，做好相应安全措施和危险点分析，保证调试工作的准确性与可靠性。接下来的调试工作阶段开始调试时，应进行必要的核对检查依据设计图纸，竣工图纸对保护装置及其二次电缆回路以及接线进行核对，以一条 35KV 开关出线单元为例，检查项目包括线路保护单元，交直流屏至相应屏端子排引线至户外端子箱电缆连接线至开关机构箱连接线。检查项目包括装置外观检查：主要有装置及开关机构外观是否损坏，装置屏内元件是否完好；二次电缆接线检查：包括电缆连接可靠，回路互感器使用级别和极性与试验数据对比和确认，接线连线有无划痕，折伤，接地是否规范，接线工艺是否按照标准，是否严格按照图纸施；有无交直流混用一根电缆，电缆备是否足够等。在后台机调试和检修过程中，应该检查连接相应设备的通讯线及装置地址，通信线，台机与装置通信畅通，然后根据软件设置相应设备的地址直至所有装置通信正常，主站可以查询相应继电保护设备装置上送的后台数据。

继电保护装置检修策略分析项目施工总进度计划和部门电力系统继电保护检修项目施工进度计划，由部门电力系统继电保护检修项目总部门来负责，单位工程电力系统继电保护检修项目施工进度计划和分部电力系统继电保护检修项目施工进度计划由相应的部门和单位进行指定。

继电保护装置检修策略分析项目施工总进度计划包括施工组织设计的各个部分，施工总体方案、施工合同工期要求，电力系统继电保护检修项目施工总进度计划各个部门施工的先后顺序、施工期限、开工以及竣工日期和各个部门间的衔接关系，综合平衡各个施工部门和阶段的安装检修施工工作量，资源量和时间分配进行总体部署和相应的实现目标。

（四）继电保护装置检修策略选择的分析方法

继电保护装置检修策略在继电保护检修中的策略选择方法有很多种，例如数据表、因果分析、帕累托分析、趋势分析、柱状图、散点图、控制图等。每种方法都有其特点和相应的优点，这些方法的利用能很好地实现对电力系统继电保护检修的聚类、制表和分析数据，提高工作效率，有效提升电力系统的可靠性、灵敏性、选择性和准确性。

1. 利用数据表实现项目检修事故统计优选分析

利用数据表可以实现对继电保护检修中事故类型的统计分析，总结经验教训。

利用数据表实现项目检修事故统计分析，对于继电保护检修以及相关工作者而言，利于将严格的试验、试验结果、理论分析、现场运行情况得到一致的分析，满足继电保护装置检修管理在继电保护检修中策略选择策略的质量标准和质量目标，对于主动配合各个规划、设计和运行部门分析研究电力系统发展和运行情况，达到继电保护的标准和目标，及时采取相应的措施有很大裨益，确保继电保护满足电力系统安全运行。

随着人们用电量的增加，电力系统的负荷在不断地加大，电网的部分线路或设备上容易发生短路，在短路时的电流会很大，如果这时的短路电流在靠近终端的位置，这时的电流就会是互感器一侧额定电流的几百倍，如某一 10kV 配电室继电保护检修过程中发信箱的事故和原因总结。电流互感器发生了饱和现象，从而导致继电保护装置的灵敏度下降，速断保护失效，继电保护无法发挥正常的功能，在线路短路的情况下，由于电流互感器的电流发生了饱和现象。电流互感器感应到的二次侧额的电流就会变得非常小或者接近于零，就会导致定时限过流保护装置无法正常的发挥功效。如果是电力系统出口线出现故障，就需要用母联断路器或者主变压器后备保护装置将短路电流切除，这样就会延长故障时间，而且故障的范围会不断地变大；如果靠电力系统出口线过流保护拒绝动作，就会导致电力系统进口线保护动作，造成整个电力系统出现断电的情况发生。

某地继电保护检修中的事故类型统计分析表显示的第二个故障为电压互感器故障，二次电压回路在运行中出现故障是继电保护工作中的一个薄弱环节，作为继电保护测量设备的起始点，电压互感器对二次系统的正常运行非常重要，二次回路设备不多，接线也不复杂，但二次回路上的故障却不少见。由于二次电压回路上的故障而导致的严重后果是保护误动或拒动。经过继电保护检修人员的检修，发现 PT 二次中性点接地方式异常，表现为二次未接地（虚接）或多点接地。二次未接地（虚接）除了变电站接地网的原因，更多是由接线工艺引起的。这样 PT 二次接地相与地网间产生电压，该电压由各相电压不平衡和接触电阻决定。这个电压叠加到保护装置各相电压上，使各相电压产生幅值和相位变化引起阻抗元件和方向元件拒动或误动。开口三角电压回路异常；PT 开口三角电压回路断线，有机械上的原因，短路则与某些习惯做法有关。在电磁型母线，变压器保护中，为达到零序电压定值，往往将电压继电器中限流电阻短接，有的使用小刻度的电流电器，大大减少了开口三角回路阻抗。

现场的检修和故障调试人员，通过管理在继电保护检修中的事故类型统计分析表对于引进店里系统继电保护的新型保护装置，便于相关人员学习，掌握相应的理论和实际操作能力。对于后续的管理部门的教育培训，提高专业人员的责任心和设备应用水平。

2.利用因果关系分析图优选分析提高优选质量

在继电保护检修过程中发现问题后，检修和调试人员应有必要的原因分析。在因果关系分析初期模糊时，为确定电力系统继电保护自动装置不能正常运行的具体原因时，需要大量的分析和研究，利用因果关系分析图能起到事半功倍的效果。

某 10kV 配电室远动装置现场运行检修故障因果关系分析图中，在此配电室内该远动装置的作用有 10kV 高压柜接地刀闸、手把、SF6 断路器信号等开入量和开出量控制，0.4kV 侧母线电流测试及故障报警，0.4kV 侧双电源控制器信号上传，0.4kV 侧网络表数据交互，0.4kV 侧智能无功补偿设备的控制和数据交互以及该配电室数据远方上传等。

该配电室曾经出现过在现场检修后将工具遗忘在远动装置箱中，负荷侧电流增大后发热严重，发生装置短路起火现象。该远动装置的某些生产厂家存在装置质量问题，设备某些继电保护装置检修管理的材料选择和采购长时间处于地下室的阴冷密闭潮湿环境中，出现生锈、腐蚀现象导致设备螺母紧固性不好，设备内继电器投切出现问题。在现场的检修和调试过程中出现的问题不一而足。利用因果关系分析图能很好地将现场设备的故障找到，利于故障排除和后续的设备调试、更新，也利于项目规划大面积推广过程的策略选择，提高电力系统项目检修的效率和质量。

3.利用柱状图排查检修故障提高优选效率

柱状图用于描述数据频度分布，对于评价数据属性和变量很有价值，对某一个时间点的数据提供了简洁的展示，显示出累积数据目前的状况，对于理解数据的性对频率或者频度以及数据如何分布很有帮助。

继电保护的二次回路监测，保护装置本身容易实现状态监测，但由于电气二次回路是由若干继电器和连接各个设备的电缆所组成，要通过在线监测继电器触点的状况、回路接线的正确性则不易实现。因此继电保护的二次回路监测故障现象经常发生，频率较高，约占检修项目故障的 30%。继电保护设备的电磁干扰监测故障，大量微电子元件的广泛应用使几点保护设备对电磁干扰越来越敏感，按常规试验方法无法发现由于干扰引起的事故，设备正常运行时故障发生毫无征兆。因此电磁兼容问题在继电保护设备中经常发生，提高设备的电科院检测标准和设备出厂检测势在必行。与一次设备的检修配合，大部分情况下，继保设备检修要在一次设备停电检修时才能进行。继电保护构成的是一个系统，不仅仅是装置本身，如交流、直流、控制回路等，由于部分回路还没有监测手段，对设备状态无法进行实时的技术分析判断。由于操作回路一直由硬件实现，除少量的硬件信号可通过远动或综自设备上传以外，回路无在线监测手段，形成了保护监控回路中的空白点。继电保护装置在电力系统中通常是处于静态的，但在电力系统中，需要了解的恰巧是继电保护装置在电力系统故障时是否能快速准确地动作，即要把握继电保护装置动态的"状态"。因此根据对继电保护装置静态特性的认识，对其动态特性进行判断显然是不合适的。因此通过模拟继电保护装置在电力事故和异常情况下感受的参数，使继电保护装置启动和动作，检查继电保护装置应具有的逻辑功能和动作特性，从而了解和把握继电保护装置状况，这种继电保护装置的检验，对于电力系统是很有必要的和必需的。

4. 利用帕累托分析排查检修故障提高优选效果

帕累托分析图是特殊的柱状图，用于确定问题领域并对其进行优先次序的划分。帕累托图的建立可能包括图形数据、维护数据、修复数据、部件零星比率或者其他来源。帕累托分析图确认来自这些来源的数据的任何不一致类型，能将注意力转向发生频率较高的元素。

帕累托分析图能够确认导致系统大多数质量问题的几个主要原因。比较帕累托分析集中于任意数量的项目选择或者行动。加权帕累托分析给出了因素相对重要性的测度，有些因素可能最初看起来并不重要，但随着时间的推移，故障影响量越来越大，导致危险程度的增加。

帕累托分析图提供了给定数据集合时发生频度最高的事件的评价方法，将其应用于继电保护检修项目中的故障分析和检修过程，能够量化和图形化故障事件的发生频度，在频度基础上进一步确定了事故发生的概率。

这种方法量化了因为继电保护装置检修管理的材料选择和采购问题导致继电保护设备故障，同时图形的表示也便于运行和检修人员的判断和在检修过程中的指导作用。

由上可以看出，继电保护装置检修策略在继电保护检修中的策略选择方法有很多种，例如数据表，因果分析，帕累托分析，趋势分析，柱状图，散点图，控制图等。每种方法都有其特点和相应的优点，这些方法的利用能很好地实现对电力系统继电保护检修的聚类、制表和分析数据，提高工作效率，提升电力系统的可靠性、灵敏性、选择性和准确性。数据表，因果分析，帕累托分析，趋势分析，柱状图，散点图，控制图等都能从评价指标、量化以及模型的建立上给出很好的策略选择，对于电力系统中继电保护装置的检修，在检修以及与运行维护和状态检修过程中可能不同类型的装置检修，不同的检修项目，不同的装置统计以及同种类型产品在不同批次，不同运行场合方面对于策略的优选选用不同的策略，结果表现可能会更好。综上所述不同的检修项目和检修类别可以选用不同的评价指标、量化方案以及模型建立。

第四节　智能化继电保护调试

一、继电保护装置调试与安全管理措施

1. 电力系统继电保护装置调试过程中需要注意的问题

在进行继电保护装置调试之前，首先应该查看调试需断开的交、直流电源空气开关，确定其全部断开，还要对一些需要断开的连接片进行检查，保证这些开关均断开。

在进行调试前要打印具体的正式定值及定值核对，对定值单中没有的定值一定要对继电保护装置中各个调整系数做好记录，并仔细检查拔出的装置插件，并对检查数据进行记录。

在进行继电保护装置调试之前要根据实际要求填写好二次回路安全措施单。对和装置有联系的闭锁条件一定要进行模拟实验以核对其闭锁功能的正常与否，另外对装置中的定值投入信号也要做一定的检验。

如果调试的继电保护装置具有方向，那么必须做好方向试验，按照保护定值的有关要求对继电保护装置进行方向性验证。

在进行调试时，对最大负荷电流和三相平衡额定电压要进行一定程度的增大，并将继电保护装置的直流电源做瞬时断合，以观察继电保护装置在该过程中反映的信号是否正确。

在进行继电保护装置调试结束之后，必须对继电保护装置的保护定值做必要的调度和核对，此时如果一些值或参数没能在定值单上得到具体反映，还需要在调试前做好记录。

在继电保护装置调试工作结束后但连接片及各开关都未合上时，一定要使用万用表对连接片两端对地电位做测量。

2. 进行继电保护装置调试的人员要求和技术要求

（1）继电保护装置调试的人员要求

1）作为继电保护装置的调试人员一定要持证上岗，由于进行继电保护装置调试往往需要较高的技术，因此继电保护装置调试人员应该参加对应的培训和考试，并获得专业的资格证书才可以上岗，只有这样才能够让继电保护装置的质量及安全性得到一定保障。

2）作为继电保护装置的调试人员还要求熟悉和掌握一次电力系统相关的知识，这主要是由于一次电力系统中最突出的典型就是继电保护装置，为了更加有效地保证电网系统安全，作为操作人员必须要对该方面的知识进行针对性的学习。

3）作为继电保护装置调试人员必须要对各种电力系统有关资料进行熟悉，熟知各种图纸的绘制及表达的意义，并时刻对相关新技术进行及时学习，最终能够熟练地对所辖范

围内的继电保护装置进行调试。

（2）继电保护装置调试技术要求

继电保护装置在电力系统中的核心作用就是当电力系统元件在运行过程中遇到突发故障或不正常工作情况时能做一些实时防护，通常情况下应该由该元件的继电保护装置迅速准确地给距离故障元件最近的断路器发出跳闸命令，使故障元件及时从电力系统中断开，以最大限度地减少对电力元件本身的损坏，降低对电力系统安全供电的影响。因此，要想使得电力系统能够稳定、健康及安全运行，那么就必须要保证继电保护装置的可靠性和安全性，而平时电力系统继电保护装置的调试则是确保其运行安全性和可靠性的必要条件，因此一定要严格选取合适的技术来对继电保护装置进行科学调试。

3. 电力系统继电保护装置调试过程中的注意要点

（1）严格标准执行，切实实现标准化操作

在进行继电保护装置调试过程中一定要严格根据质量管理相关要求进行，切实实现标准化操作，另外在进行继电保护装置调试前期还应该对工作人员使用的各类仪表、仪器进行核查，查看其合格证是否过期或是否有破损情况，在做调试记录时还要求将调试过程中所用的仪器、仪表、装置等记录清楚。

（2）强化责任意识，树立严谨的工作作风

通常情况下，继电保护装置调试人员当中有一些工作时间长、经验丰富的操作人员，有很强的安全意识、责任意识和严谨的工作作风，所以，往往在调试过程中可准确地判断出工作过程中易出现的一些涉及安全的问题，使得调试过程中事故发生率大幅度降低。近几年来，随着我国电力电网系统不断发展，在发展过程中一些新进的工作人员因为经验少，且缺乏必要的安全意识和责任意识，使得在展开继电保护装置调试时经常会出现一些损坏设备或误跳运行断路器造成停电的现象，这使得电力系统安全性受到了极大的影响。所以作为电力企业，首先一定要对继电保护操作人员做相关培训，增强其责任意识及专业技能，树立其严谨的工作态度和工作作风，只有这样，继电保护装置调试才有基本的基础，才能有效降低产生危险调试情况，严格保证调试质量，最终使得继电保护装置调试水平得到真正提高。

（3）强化专业技能培训和学习

随着我国计算机技术及通信技术的高速发展，电力系统中继电保护装置的各种相关技术也得到了长足的进步，面对这种现状，要想真正做好继电保护装置的调试工作就一定要做好对工作人员的培训工作，使得操作人员的操作水平能够符合能够达到实际工作需求。进行培训工作是应该做到两点：电力企业应该做到定期或不定期地对操作人员进行培训，使得操作人员的相关知识和技能能够得到提高，进而提高操作人员的综合素质；电力企业还要经常要求继电保护装置生产厂家中专业水平较高的工程师对操作人员的操作做现场指导，或者进行相关技能的现场培训。

（4）强化调试工作的标准化作业

在进行继电保护装置调试前，应做好以下准备工作：了解工作地点一、二次设备运行情况，本工作与运行设备有无直接联系（如自投、联切等），与其他班组有无配合的工作；拟定工作重点项目及准备解决的缺陷和薄弱环节；工作人员明确分工并熟悉图纸及检验规程等有关资料；应具备与实际状况一致的图纸、上次检验的记录、最新整定通知单、检验规程、合格的仪器仪表、备品备件、工具和连接导线等。

对一些重要设备，特别是复杂保护装置或有联跳回路的保护装置，如母线保护、断跳器失灵保护、远方跳闸、远方切机、切负荷等的现场校验工作，应编制经技术负责人审批的试验方案和由工作负责人填写并经技术负责人审批的继电保护安全措施票。

另外，在进行继电保护装置调试过程中，如果需要更改二次接线，那么首先应该在图纸上及时修改，修改后的接线图必须经过审核。保护装置二次线更改时，要严防寄生回路存在，没有用的线要及时拆除，在变动直流回路后应进行相应的传动试验，必要时还应模拟各种故障进行整组试验。这样不但能够及时对以后的故障处理进行预判，还可为施工图纸施工调试之后移交记录奠定必要的基础。

（5）要建立系统的设备调试记录

在进行继电保护装置调试过程中要将每一个事故、障碍、缺陷及检验过程均做好完整的记录，然后在平时学习过程中将这些调试记录公开让操作人员进行探讨和学习，提高操作人员对这些调试过程中的问题的认识，以避免在以后的调试过程中操作人员在同类问题上再次出现失误，使得操作人员的技能水平不断提高，这对继电保护装置调试工作的高效完成显然具有一定的意义。

二、智能化变电站继电保护调试

1. 智能化变电站的含义及其应用特点

相对传统意义的变电站而言，智能化变电站主要以集中大量的光电运用技术为核心，通过结合网络通信技术和现代信息技术，将变电站相关设备参数信息进行模式转化后，在二次系统中将变电站中的各种电气量问题实现数字化输出的一种现代电技术。基本运用原理就是通过相关技术手段，对电力系统的相关信息进行统一整理、分析后建模，再通过网络通信技术实现信息的交互。因此，对于智能化变电站的继电保护调试的工作就变得尤为重要，涉及的技术问题和应用特点主要有以下几方面内容：

（1）变电站信息的数字化采集。智能化变电站的数据信息的采用不仅要实现隔离一次系统和二次系统电气连接的作用，还要确保测量的精准度，通常采用的光电式互感器可以很好地实现变电站信息的集成化采集和应用。

（2）分布式系统配置的设计。智能化变电站需要采集和分析的数据数量庞大，不同的设备以及不同配置的系统设计就需要采用一种面向对象的配置方式，通过 CPU 模式的应用，使系统形成层次性控制，也就是分布式系统，在这个系统中不同的配置和装置都具有各自独立的数据处理功能，从而实现数据的高效采集和处理。

（3）变电站信息的网络交互性。智能化变电站的电力信息的数字化和自动化系统传输是其最大的特点，在数据传输方面，既要满足数据信息在每个分布层系统中的智能化传输，还要与智能化传感器装置进行有效的信息交互，实现变电站内部信息通信的有效交换和应用。

2. 智能化变电站继电保护的调试

（1）智能化变电站继电保护元件的调试

对智能化变电站继电保护的调试首先要从继电保护装置的调试开始，对调试装置进行全面的检查。确保装置的相关插件齐全、良好，装置中的端子排和相应的压板也要检查是否有松动现象，还要对回路的绝缘性能进行检查，需要注意的是要在电源断开的情况下进行，并且还要确保设备中相关的逻辑插件均已拔出。在实际的测量结果中通常需要使实际测量得到的数据与仪器测量数据的误差控制在 5% 范围之内。在完成相关的装置性能检查后，还需要对保护装置的定值进行校验，只有两部分工作都完成后，才能进行下一步的实际调试工作。

（2）继电保护的通道调试

完成上述的装置调试之后，接着就要进行后续的通道调试，在调试之前要保证管线通道的连接都是可靠的，纵联通通道的异常指示灯是熄灭状态，无警告信号提示。通道调试主要包含两方面的内容，其中一个是对于侧电流和岔流的检查，另一个就是对两侧纵联差动保护装置的功能进行联调。在相关通道的计数状态显示恒定的情况下，还要做好调试前的光纤头的清洁工作，确保通道中的其余通道接口设备都有接地设置，且要保证不同的接地网之间是完全分开的状态。通道的实际调试还要分为专用光纤通道调试和复用通道的调试，专用通道的调试只需使装置的发光功率同通道插件的标称值一致即可。调试过程中需要注意光纤的收信率以及收裕度是否在相关标准范围之内，再对通道内式中采取操作，设置两侧的识别码为一样的时候，不出现联通通道的异常报警信号，即说明通道是正常状态。

（3）智能化变电站继电保护的 GOOSE 调试

智能化变电站继电保护调试的菜单栏中有一项关于 GOOSE 通信状态和报文统计的配置项。需要对其进行配置和调试，不同的 GOOSE 型号代表着不同的警告内容，而发生模块又可以根据功能分为八项，因此，为了调试的便利性，配置了不同压板的数量，每当出现压板停止使用的情况，相应的 GOOSE 信息就会采取清零处理。从而保证了继电保护装置接收信息和发送信息的良好冗余问题。

3. 智能化变电站继电保护的应用

（1）控制变电站相关开关的合理闭合，保护电路

智能化变电站内部的线路情况错综复杂，受到不同地域环境、工艺设计以及不同用户类型的影响较大，不同厂家对于继电保护装置的设计和制造也存在差异，因此实际的应用过程中，我们需要结合厂家提供的图纸，有目的的配置继电保护装置的位置，在经常出现开合闸的回路中、电源回路以及闭锁回路中根据不同需求配置继电保护装置，可以很好的确保在突发事故，线路过载或者运行电压、电流超负荷的情况下采取安全控制措施，保证线路的安全以及供电的稳定性和安全性。

（2）继电保护装在变电站智能化保险措施中的应用

采用继电保护设计的智能化变电站能够在调试过程中就可以直观地发现线路中相关电压回路设计和电源回路设计以及接线方式的错误，继电保护装置中的防过压、防过流技术可以很好地协助变电站内部的保险机制，异常情况下采取对区域电流的隔离和其他支路的保护，并且可以通过网络交互机制采取定点报警措施，为及时发现故障和处理事故提供有效的指导和参照。

（3）智能化变电站继电保护调试可以作为诊断系统工具

首先，可以对线路的短路和环路情况进行诊断，可以将线路的绝缘电阻设定在一定的范围之内，然后对直流电流进行检测，如果检测仪器可以正常报警，证明该线路畅通，如果出现翻倍情况，就说明线路中有短路或者环路情况。另外一种方法是通过测控信号脉冲的方式，诊断二次回路中是否存在脉冲宽度的设置问题，如果二次回路正常，就需要再次检定分合闸控制问题，进一步可以确定脉冲宽度的设置是否合理。

第四章　电力系统接地与防雷保护

第一节　电力系统接地保护

一、接地保护的作用与布置

接地在电力系统中是用来保护电力、电子设备及人身安全的重要措施。通常情况下，根据不同的保护对象，一般将接地分为工作接地、系统接地、防雷接地、保护接地等。就这几种接地形式来讲，从目的上来说是没有什么多大区别的，都是通过接地导体将过电压产生的过电流由接地装置导入大地，实现保护的根本目的。如今在接地上要求都比较严格，必须形成一张严密的网，将所有的被保护对象都挂在这个安全的接地网上。但是，不同的接地都需要从接地装置处的等电位点连接。

1. 防雷接地

防雷接地，主要是通过接地网将雷电产生的雷击电流引入大地，从而起到保护建筑物及电力系统的作用。避雷方式一般有两种选择：一是避雷针接地；二是采用法拉第笼方式接地。两种不同的防雷模式，在防雷原理上有显著的区别。避雷针的原理是空中拦截闪电，使雷电通过自身放电，从而保护建筑物免受雷击。至于避雷针的保护范围，它是从地面算起的，并以避雷针高度为滚球半径的弧线下的面积。对于法拉第笼，它认为避雷针的范围很小，且在避雷针保护的空间内还有电磁感应作用。避雷针附近是强的电磁感应区，有很大的电位梯度，其周围有陡的跨步电压存在。在这一范围内，人们踏进就有生命危险。鉴于这种种观点，现在的防雷接地系统中，一般都以法拉第笼占为主要地位。

相关实验和资料表明：若一个封闭的金属壳体是全屏蔽的，在雷电流通过时，它是沿着壳体的外表面流入大地的，而在壳体的内部，则没有感应电动势及磁通，也就是说雷电流没有对内部的设备产生干扰效应。而法拉第笼下部的环状接地环、等电位均压网，人在此等电位环境中被雷击的危险也都避免了。

2. 保护接地

保护接地是当前低压电力网中一种行之有效的安全保护措施。通常有两种做法：接地保护和接零保护。将设备与用电装置的中性点、外壳或支架与接地装置，用导体作良好的电气连接，则是电气安全保护工作的一个重点，即通常所说的接地。将电气设备和用电装置的金属外壳与系统零线相接，则称作接零。对用电设备、金属结构及电子等设备采取的接地保护措施，则是主要安全保护接地方式。因为这样可以避免电气设备漏电、线路破损或绝缘老化漏电等漏电事故造成的伤害。通过接地导体，将可能产生的线路漏电、设备漏电及电磁感应、静电感应等产生的过电压，通过接地回路而导入大地，避免设备的损坏和保证人身的安全。有了接地保护，可以将漏电电流迅速导入地下，也就是说要求所有的用电设备、钢结构及电子、仪表设备都要与接地网可靠连接。简单地说，在电力系统中，接地和接零的目的：一是为了电气设备的正常工作（例如工作性接地）；二是为了人身和设备安全（如保护性接地和接零）。就接地的性质分：有重复接地、防雷接地和静电屏蔽接地等，其作用就是上述两种。不同的供电系统，接地也有不同的选择。两种不同的保护方式使用的客观环境也不同，必须选择得当。不然会影响对设备及人身的保护性能，还会影响电网的供电可靠性。不同供电方式所要求的接地系统也有区别，其保护措施也不一样。

接零保护与接地保护有所不同。集中体现在如下三点：

①保护原理不同。接地保护的基本原理是限制漏电设备对地的泄漏电流，使其不超过某一安全范围，一旦超过某一整定值保护器就能自动切断电源；而接零保护的原理则是借助接零线路，使设备在绝缘损坏后碰壳形成单相金属性短路时，利用短路电流促使线路上的保护装置迅速动作。

②适用范围不同。根据负荷分布、负荷密度和负荷性质等相关因素，来选择 TT 系统或 TN 系统（TN 系统又可分为 TN-C、TN-C-S、TN-S 三种）接地系统。国家现行的低压公用配电网络，通常采用的是 TT 或 TN-C 系统，实行单相、三相混合供电方式。即三相四线制 380/220V 配电，同时向照明负载和动力负载供电。

③线路结构不同。接地保护系统只有相线和地线，而三相动力负荷可以不需要中性线，只要确保设备良好接地就行了，系统中的中性线除电源中性点接地外，不得再有接地连接；接零保护系统要求无论什么情况，都必须确保保护中性线的存在，必要时还可以将保护中性线与接零保护线分开架设，同时还要求系统中的保护中性线必须具有多处重复接地，以确保接地良好。

3. 中性点接地

在中性点不接地的供电系统中，当发生单相对地时，则非故障相对地电压可能升高为倍的相电压（即成为线电压）。由于电容的倍压效益，接地点的间歇性电弧可能在电网中引起更高的过电压，使非故障相的绝缘薄弱点而被击穿，以致造成两相短路。尤其是电缆线路，这会因电弧发热得不到及时地散发而发生爆炸。而对于一些中性点不接地系统，在发生单相漏电时，因为没有泄露回路，或者回路中的电阻过大，而设备仍可以正常运行，其原因是接地电流很小，问题不容易暴露。而当漏电电流一旦与接地良好的金属连接，就有火花放电等现象发生，系统也就出现了工作不正常的现象。因此，对于这些小电流接地系统来说，发生单相漏电时，不允许长时间运行，应尽快查出漏电部位，处理掉，并及时采取必要的保护措施。

中性点接地的供电系统，当发生单相接地故障时，接地点与供电设备接地点之间就会形成回路。其接地电流很大的，这种系统被称作大电流接地系统。两个接地点的阻值越小，接地电流就越大。因此，对于中性点接地系统，中性点直接接地运行方式下应做到如下三点：

①所有的用电设备，在正常情况下不带电的金属部分，都必须采用保护接零或保护接地；

②在三相四线制的同一低压配电系统中，保护接零和保护接地不得混用（即一部分采用保护接零，而另一部分采用保护接地）。但是，在同一台设备上同时采用保护接零和保护接地则是允许的，因为其安全效果更好；

③要求中性线必须重复接地。在中性线断开的情况下，接零设备外壳上都带有220V的对地电压，这是绝不允许的，是不安全的。

二、电力系统常见接地故障与处理

（一）单相接地故障的危害

1. 发生接地时，由于非故障相对地电压升高（完全接地时升至线电压值）系统中的绝缘薄弱点可能击穿，造成短路故障；

2. 接地故障点产生电弧，会烧坏设备并可能发展成相间短路故障；

3. 接地故障点产生间歇性电弧时，在一定条件下产生串联谐振过电压，其值可达相电压的2.5~3倍，对系统绝缘危害很大。

4. 发生弧光接地时，产生过电压，非故障相电压很高电压互感器高压保险可能熔断，甚至可能烧坏电压互感器。

（二）单相接地故障的现象及处理

1. 电压互感器保险熔断

（1）当电压互感器高压保险熔断时，受电压二次回路的负载影响，熔断相电压降低，但不为零，此时其他两相电压应保持为正常相电压或稍低。同时由于断相出现在互感器高压侧，互感器低压侧会出现零序电压，大小高于接地信号定值，会发出接地信号。退出电压互感器，更换保险后投入运行。

（2）当电压互感器低压保险熔断时，在二次侧的反映和高压保险基本类似，但是由于保险熔断发生在低压侧，影响的将只是某一个绕组的电压，不会出现零序电压。在这种情况下，中央信号报警"电压互感器断线"，熔断相电压为零，另两相电压正常，可以确认为该低压保险熔断，否则，判断为互感器高压保险熔断。退出保护更换二次保险。

2.用变压器对空载母线充电时开关三相合闸不同期，三相对地电容不平衡，使中性点位移，三相电压不对称，也会报接地信号。这种情况只在操作时发生，只要检查母线及配出设备无异常，即可以判定，投入一条线路接地信号就会消失。

3.系统的接地故障

线路发生接地，是电网中最常见的非正常运行状态，沿线杆塔、横担、绝缘子、避雷器等设备，线路两旁树枝，落小物体等都容易引起系统接地，尤其大风和雷雨天气，接地现象更是频繁发生。

（1）金属性接地：线路断线，电源侧直接接地，易造成金属性接地。发生金属性接地时，故障相电压为零或接近于零，非故障相电压上升为线电压或接近于线电压，且完全接地时，电压表显示无摆动。有的变电所有"小电流接地巡检装置"，根据接地时产生零序电流，能判断出接地的线路，汇报调度及时通知巡线人员去处理。

（2）非金属性接地：不完全接地时，故障相电压降低，低于相电压，非故障相电压升高，大于相电压，低于线电压，且间歇接地时，电压表显示不停地摆动。

4.接地故障的处理

（1）判断故障性质，并汇报调度。

（2）检查站内设备有无故障。缩小范围后，应对故障范围以内的站内一次设备进行外部检查。主要检查各设备瓷质部分有无损伤、放电闪络，检查设备上是否有杂物，小动物及外力破外现象，检查各引线有无断线接地，检查互感器；避雷器有无击穿损坏等。

（3）检查站内设备未发现问题的处理，汇报调度，用"小电流巡检装置"检查或使用"旁路"转带分支多，线路长，易发生故障的线路，查找配出线路是否接地，查出有故障的线路，对于一般不重要用户的线路，可汇报调度后，停电并通知查线；对于重要用户的线路，可以转移负荷或通知用户做好停电准备后，再切除该线路，进行检修处理。

5.查找接地故障时的注意事项：

（1）检查站内设备时，应穿绝缘靴，接触设备外壳，构架及操作时，应戴绝缘手套。

（2）当接地运行期时，应严密监视该设备的运行状况，防止其发热严重而烧坏，注意高压保险是否熔断。

（3）中性点经消弧线圈接地的系统，监视消弧线圈的运行状况，发现接地设备消弧线圈故障或严重异常，应立即断开故障线路。严禁在有接地故障时，停运消弧线圈。

（4）系统带电接地故障运行，一般不得超过2h。

三、接地保护技术下的安全管理

1.电气接地保护安全技术下的安全管理问题

（1）重复接地和保护接零

重复接地是一种按照国家标准实施的电气设备和电气设备外壳接地保护作业，通常利用多点接地方式，保证电气设备和外壳的工作，其目的是保证人员安全。从我国实施的电气设备接地现状来看，主要利用保护接地和保护接零两种方式实现设备接地保护。但是由于电气供电系统中存在中性点接地和不接地两种形式，所以必须根据系统需求，选择合适的保护方法进行操作。线路故障问题是供电系统中性点接地产生的主要问题，而且回路短路引起的保护装置失灵故障最常见，一旦发生故障，必定会产生单相漏电。如果发生漏电后被人体接触，就会形成并联电路电流，产生各种漏电事故。电气设备单相漏电是中性点不接地系统所产生的常见安全事故。虽然用电设备漏电接地不会构成故障电流回路，而且供电系统对地电容所释放出的电流有限，保证了人体接触漏电安全。但是在中性点接地供电系统中，一旦人与其接触，就会产生很大的触电伤害。为了减少单项漏电产生的不安全事故，可以利用分流方式对电气设备中的电流问题进行处理。

（2）利用串联方式完成用电设备接地

利用串联方式进行用电接地，不仅可以降低材料消耗，还可以实现保护接地。但是此种设置应用时存在很大的安全问题。电气设备接地中明确指出：禁止串联接地，各个电气设备必须和接地体或接地极分开连接。所以，为了保证用电设备运行中的稳定性和安全性，必须对线路实施优化，提高电气设备的安全性和可靠性，充分发挥用电设备的各项功能，减少触电事故的发生，保证用电安全。除此之外，实现接地装置和电气设备的连接。避免了各种安全隐患，控制了经济成本，简化了用电复杂性，对带电设备电气故障排除具有很大作用。由于各种电气设备在长时间使用中，发生漏电故障的概率也有很大差异，进行漏电故障处理时，可以使用简单接线方式进行处理并维修，如果接线关系较复杂，容易受到各种因素的干扰，就会给问题解决增加难度，浪费检修和维修时间。综上所述，应该将电气设备保护接线和工作节点划分开，保证各种故障问题可以在第一时间得到解决。

（3）与大地直接接地实现接地保护

此种设置在运用方面定位非常不精确，可以直接与大地接触实现保护。从电气设备接地保护原理分析可知，只有通过接地装置才能实现电气设备接地保护。接地装置结构质量、大地土壤电阻率和接地体配置等，均对地接装置具有极大的作用影响，如果土壤电阻较低，就会产生强烈的散热效应，在电位差产生的作用下，降低了电压强度。反之，将会增加电压强度。因此，为了保证电气接地保护具备安全功能，必须借助高电阻土壤完成降阻力后再进行处理和利用，此种方式不仅不能实现接地保护，还会给接地保护带来很大危害。一般情况下，可以采用以下两种方式实施接地体配置，简而言之，即为人工接地和自然接地体。实施人工接地体的时候，必须要预留有足够的空间，以减少各个接地体之间产生的磁场作用。进行自然接地体时，必须保证流畅，减少隔离中断现象产生。除此之外，电气设备的接地电阻必须满足接地装置要求，按照电气设备接地技术要求，实现电气安全接地。所以电气接地保护的技术要求较严格，如果不采用合理的方式进行连接，就不能实现安全保护，反而还会造成不利的安全隐患。

2. 加强电气接地保护安全技术的管理方法

为了保证电气接地保护可以实现保护功能，减少各种不利因素对安全造成的影响，可以从以下几个方面做起。

首先，电气接地安全保护系统连接的方式必须正确。对于 TN-C-S 系统而言，由于此系统的电气装置露出表面的导电部分产生的电压比 TN-C 系统小很多，所以此系统安全性较好，不会对大地产生带电压。所以，可以将 TN-C 系统作为电气接地保护安全系统。

其次，进行临时用电组织管理时，必须加强管理力度，认真做好临时用电组织的验收。如果临时用电组织管理不严格，或者管理中忽视了临时用电的质量控制，容易给实际用电过程中埋下安全隐患，产生各种安全隐患，影响用电质量和安全。所以，必须对临时用电进行管理和控制，主要进行验收环节和技术管理工作，保证用电安全，提高用电质量。

再次，由于临时用电的现场作业较多，所以电气安装人员在施工现场进行电气安装时，相互间必须积极配合，合理分配职责，同时还要发挥自身的监督职能，保证电气接地安全。

最后，正确认识漏电保护器的局限性和容易产生的故障电压，加强管理工作，保证用电管理的安全，增强回路漏电保护的稳定性和可靠性。

第二节　电力系统防雷保护

一、雷电放电原因及防雷保护措施

1. 雷电的形成

雷电放电起源于雷云的形成，在雷云的顶部充斥着大量的正电荷，雷云下部大部分带负电荷，雷云中的负电荷会在地面感应出大量正电荷，在雷云与大地之间或者两块电荷不同的雷云之间形成强大的电场，其电位差可高达数兆伏甚至数十兆伏。当云中某一电荷密集中心处的场强达到 25~30KV/cm 时，就可能引发雷电放电。

2. 防雷保护措施

在电力系统中设计防雷保护装置时，要从雷电参数的几个方面来判断：

（1）雷暴日及雷暴小时：评价一个地区雷电活动的多少，通常以该地区多年统计所得的平均出现雷暴的天数或者小时数作为指标。根据多年观察，我国长江流域与华北部分地区的雷暴日数为 40 左右，而西北地区仅为 15 左右。通常雷暴日数 < 15 的地区被认为是少雷区， > 40 的地区为多雷区，在防雷设计中应根据雷暴日的多少因地制宜。

（2）地面落雷密度和雷击选择性。

（3）雷道波阻抗。

（4）雷电的极性：根据我国的实际测量，负极性雷电均占 75% ~ 90%。

（5）雷电流幅值。

（6）雷电流的波前时间、陡度及波长。

雷电过电压时产生的电压高达数十万伏，甚至更高，在现代电力系统中都采取哪些保护装置呢？通常用的有避雷针、避雷线、保护间隙、避雷器、防雷接地、电抗线圈、电容器组、消弧线圈、自动重合闸等。

当雷电击中变电站设备的导电部分后，会出现雷电过电压很高，一般情况下都会引起绝缘的闪络或者击穿，所以对于电力设备必须加装避雷针或者避雷线对直击雷进行防护。按照安装方式的不同，可将避雷针分为独立避雷针和构架避雷针。构架避雷针既能节省支座的钢材，又能省去专用的接地装置，但对于绝缘水平不高的 35KV 以下的配电装置来说，雷击构架避雷针时很容易导致绝缘逆闪络，这显然是没有对电力设备很好保护。独立避雷针具有自己专用的支座和接地装置，其接地电阻一般不超过 10Ω。

根据我国防雷保护规程，110KV 及以上的配电装置，一般将避雷针装在构架上，但在土壤电阻率 ρ > 1000Ω·m 的地区，仍然适合装设独立避雷针以免发生反击。35KV 及以下的配电装置应该采用独立避雷针来保护，60KV 的配电装置在 ρ > 500Ω·m 的地区宜采用独立避雷针，在 ρ < 500Ω·m 的地区容许采用构架避雷针。

加入架空输电线路上发生雷击事故，只要能有效阻止就能避免雷击引起的长时间停电事故。到目前为止沿全线装设避雷线仍然是 110KV 及以上架空输电线路最重要和最有效的防雷措施，它除了能避免雷电直接击中导线而产生极高的雷电过电压以外，而且还是提高线路耐雷水平的有效措施之一。在 110KV ~ 220KV 高压线路上，避雷线的保护角 α 大多取 20° ~ 30°，在 500KV 及以上的超高压线路上往往取 α ≤ 15°。35KV 及以下的线路一般不在全线装设避雷线，主要是因为这些线路本身的绝缘水平太低，即使装上避雷线来截住雷击，往往仍难以避免发生反击闪络，因而效果不好；另一方面这些线路均属于中性点非有效接地系统，一相接地故障的后果不像中性点有效接地系统中那样严重，因而主要依靠装设消弧线圈和自动重合闸来进行防雷保护。

雷电事故在现代电力系统的跳闸停电中占有很大的比重，输电线路是电力系统的大动脉，担负着发电厂产生和经过变电站变压后的电力输送到各地区用电中心的重要任务，一条输电线路在一年中往往要遭到多次雷击，因此输电线路防雷保护就是尽可能减少线路雷电事故的次数和损失。

二、变电站的防雷保护

1. 变电站的直击雷保护

为了避免变电站的电气设备及其他建筑物遭受直接雷击，需要装设避雷针或避雷线，使被保护物体处于避雷针或避雷线的保护范围之内；同时还要求雷击避雷针或避雷线时，不应对被保护物发生反击。按安装方式，避雷针可分为独立避雷针和构架避雷针。

对于 35kV 及以下的配电装置，由于绝缘水平较低，为了避免反击的危险，应架设独立避雷针，其接地装置与主接地网分开埋设。独立避雷针与相邻配电装置构架及其接地装置在空气中及地下应保持足够的距离。

对于 110kV 及以上的配电装置，可以将避雷针架设在配电装置的构架上，因为此类电压等级配电装置的绝缘水平较高，雷击避雷针时在配电构架上出现的高电位一般不会造成反击事故，并且可以节约投资、便于布置。为了确保变电站中最重要而绝缘又较弱的设备——主变压器的绝缘免受反击的威胁，要求在装设避雷针的构架附近埋设辅助集中接地装置，且避雷针与主接地网的地下连接点至变压器接地线与主接地网的地下连接点之间，沿接地体的长度不得小于 15m。这是因为当雷击避雷针时，在接地装置上出现的电位升高，在沿接地体传播过程中将发生衰弱，经过 15m 的距离后，一般不至于对变压器反击。出于相同的考虑，在变压器的门型构架上，不允许装避雷针（线）。

2. 变电站的入侵波保护

变电站中限制雷电入侵波过电压的主要措施是装设避雷器。变压器及其他高压电气设备的绝缘水平就是依据阀式避雷器的特性而确定的。

变电站有许多电气设备，不可能在每个设备旁边装设一组避雷器，一般只在变电站母线上装设避雷器，这样，避雷器与各个电气设备之间就不可避免地沿连接线分开一定的距离，称为电气距离。变压器等被保护设备上的过电压，与避雷器的保护特性（放电电压、残压）、入侵波的陡度、离避雷器的距离、被保护设备的入口容器等许多因素有关。为了保证变压器和其他设备的安全运行，必须限制避雷器的残压，使其不超过 5kA 下的值，这就要求流过避雷器的雷电流不得超过 5kA，同时还必须限制入侵波陡度和设备离开避雷器的电器距离。限制流经避雷器的雷电流和入侵波陡度的任务由变电站进线段保护来完成。

运行经验证明，对于低压等级较高、规模较大（电气距离长）、接线比较复杂的高压特别是超高压变电站，一般只能根据经验进行设计，然后通过计算机或模拟试验检验，确定合理的保护方案。

对于 220kV 及以下的一般变电站，无论是变电站的电气主接线形式如何，实际上只要保证在每一段可能单独运行的母线上都有一组避雷器，就可以使整个变电站得到保护。只有当母线或设备连接很长的大型变电站，或靠近大跨越、高杆塔的特殊变电站，经过计算或试验证明以下布置不能满足要求时，才需要考虑是否在适当的位置增设避雷器。

对于 500kV 的超高压变电站，目前国内主要采用一个半断路器或双母线带旁路母线的电气主接线。500kV 敞开式变电站防雷保护接线的重要特点是电器距离长，无论是哪种主接线方式，每组避雷器一般只能保护与它靠近的某些电气设备。再加上操作过电压保护的需要，一般 500kV 敞开式变电站的保护接线是：在每回线路入口的出线断路器的线路侧装一组线路型避雷器，在每台变压器的出口装设一组电站型避雷器。如果线路出口有并联电抗器并且通过断路器进行操作，则在电抗器侧增设一组避雷器。

3. 变电站的进线段保护

当雷击 35kV 及以上变电站附近的线路，产生向变电站入侵的雷电过电压波时，流过避雷器的雷电流可能超过 5kA，而且陡度也可能超过允许值。因此，对靠近变电站 1 ～ 2km 的一段线路（进线段）必须加强防雷保护。具体的做法是：对未沿全线架设避雷线的 35 ～ 110kV 线路，在进线段内架设避雷线；对全线装有避雷线的线路，也将靠近变电站 1 ～ 2km 的线段列为进线保护段。进线保护段应具有较高的耐雷水平，避雷线的保护角一般不宜超过 20°。这样，雷击进线段线路时发生反击和绕击的概率将大大减小，可防止或减少在进线段内形成入侵波。若雷击进线保护段以外的线路产生入侵波时，只有经过进线保护段入侵波才能到达变电站。由于冲击电晕的影响，将使进入变电站入侵波的陡度和幅值降低，同时由于进线段导线本身阻抗的作用，将使流过避雷器的雷电流减小。

对于变电站 35kV 及以上电缆进线段，在电缆与架空线的连接处，由于波的多次折、反射，可能形成很高的过电压，因而一般都需装设避雷器保护。避雷器的接地端应与电缆金属外皮连接。对三芯电缆，末端的金属外皮应直接接地。对单芯电缆，因为不许外皮流过工频感应电流而不能两端同时接地，又需限制末端形成的过电压，所以应经电缆护层保护器，或保护间隙接地。

若电缆长度不长，或虽然较长，但经验证明架设一组阀式避雷器即能满足要求。若电缆长度较长，且断路器在雷雨季节可能经常开路运行时，为了防止开路器端全反射形成很高的过电压损坏断路器，应在电缆末端装设排气式或阀式避雷器。连接电缆进线段前的 1km 架空线路应架设避雷线。对全线电缆——变压器组的变电站内是否装设避雷器，应根据电缆前端是否有雷电过电压波入侵，经校验确定。

对 35kV 小容量变电站，可根据供电的重要性和当地雷电活动的强弱等具体情况，采用简化的进线段保护。

4.变压器防雷保护

（1）三绕组变压器的防雷保护

就双绕组变压器而言，当变压器高压侧有雷电波入侵时，通过绕组间的静电和电磁耦合，会使低压侧出现过电压，但实际上双绕组变压器在正常运行时，高压和低压侧断路器都是闭合的，两侧都有避雷器保护，所以一侧来波，传递到另一侧去的电压不会对绕组造成损害。

三绕组变压器在正常运行时，可能出现只有高、中压绕组工作而低压绕组开路的情况。这时，当高压或中压侧有雷电波作用时，因处于开路状态的低压侧对地电容较小，低压绕组上的静电分量可达很高的数值以致危及低压绕组的绝缘。因此为了限制这种过电压，需在低压绕组出线端加装一组避雷器，但若变压器低压绕组接有 25m 以上金属外皮电缆时，因对地电容增大，足以限制静电感应过电压，故可不必再装避雷器。三绕组变压器的中压侧虽然也有开路的可能性，但其绝缘水平较高，所以除了高中压绕组的变化很大以外，一般都不必装设限制静电感应过电压的避雷器。

（2）自耦变压器的防雷保护

为了减小系统的零序阻抗和改善电压波形，自耦变压器除了高、中压自耦绕组外，还有一个三角形接线的低压绕组。在这个低压绕组上应装设限制静电感应过电压的避雷器。此外，由于自耦变压器中的波过程有其自己的特点，因此其保护方式与其他变压器也有所不同。

（3）变压器中性点的防雷保护

在 110 ~ 220kV 的中性点有效接地系统中，为了减少单相接地时的短路电流，有部分变压器的中性点采用不接地的方式运行，因此需要考虑其中性点绝缘的保护问题。用于这种系统的变压器，其中性点绝缘水平有两种情况：一是全绝缘；二是分级绝缘。当变压器中性点为全绝缘时，一般不需要采取专门的保护。但在变压站只有一台变压器且为单路进线的情况下，仍需在中性点加装一台与绕组首端同样电压等级的避雷器，这是因为在三相同时进波的情况下，中性点的最大电压可达绕组始端电压的两倍。这种情况虽属罕见，但因变压站只有一台变压器，万一中性点绝缘被击穿，后果十分严重。当变压器中性点采用分级绝缘时，必须选用与中性点绝缘等级相当的避雷器加以保护，且满足以下条件：其冲击放电电压低于中性点冲击绝缘水平；避雷器的灭弧电压应大于因电网一相接地而引起的中性点电位升高的稳态值，以免避雷器爆炸。35kV 及以下中性点非有效接地系统中的变压器，其中性点采用全绝缘，一般不需保护。

（4）配电变压器的防雷保护

配电变压器的高压侧装设氧化锌或阀式避雷器保护，避雷器应尽可能靠近变压器装设，其接地线应与变压器的金属外壳以及低压侧中性点连在一起共同接地，并应尽量减少接地线的长度，以减少其上的电压降。这样避雷线动作时，作用在变压器主绝缘上的电压主要是变压器的残压，不包括接地电阻的电压降，这种共同接地的缺点是避雷器动作时引起的地电位升高，可能危及低压用户安全，应加强低压用户的防雷措施。

运行经验证明，如果只在高压测装设避雷器，还不能免除变压器遭受雷害事故，这是因为：一是雷直击于低压线或低压线遭受感应雷时，因低压侧无避雷器，使低压侧绝缘损坏。二是雷直击于低压线或低压线遭受感应雷时，通过电磁耦合，在高压侧绕组也出现了与变比成正比的电压，称为正变换过电压。由于高压侧绝缘的裕度比低压侧小，所以可能造成高压侧损坏。三是雷直击于高压线路或高压线遭受感应雷使避雷器动作，接地电阻上流过很大的冲击电流时产生的压降将同时作用在低压绕组上，通过电磁耦合，按变比关系在高压绕组上感应出过电压，称为反比换过电压。由于高压绕组出线端的电位受避雷器固定，在高压绕组上感应出的这种过电压将沿高压绕组分布，在中性点上达到最大值，可能击穿中性点附近的绝缘，也会危及绕组的纵绝缘。因此，还应在配电变压器低压侧加装避雷器。

三、输配电线路的防雷保护

1. 输配电线路防雷保护原因

当线路受到线路附近落雷或直接雷击时，导线上会因电磁感应产生过电压。过电压往往会高出线路电压的 2 倍或 2 倍以上，它会使线路绝缘遭到破坏而引起雷击事故。雷击不但会给线路本身造成危害，雷电还会沿导线迅速传到变电站，若变电站内防雷措施不良，就会对站内设备造成严重损坏。总结雷电的危害有如下几点：雷电的热效应，烧毁导线、设备，造成火灾；雷电的机械效应，击毁杆塔、建筑等，造成人畜伤害；雷电的电热效应，产生过电压，击穿电气绝缘、绝缘子闪络，使开关跳闸、线路停电还可能引起火灾、人员伤亡等。因此，采取必要的防雷保护装置是保证电气设备运行安全的一项重要措施。

2. 输配电线路防雷保护措施

由于线路的数量大，分布广，在旷野、山区等地极易遭受雷击，因此线路的防雷工作已经成为电力系统防雷工作的重中之重。所以，必须加强输配电线路的防雷保护，才能提高供电的安全性。

（1）地线是输配电线路最基本的防雷措施之一，它的主要功能有：防止雷电直击导线；雷击杆塔时对雷电流有分流作用，能有效减小流入杆塔的雷电流，使杆塔顶电位降低；对导线起到屏蔽作用，降低导线上的感应过电压；对导线有耦合作用，降低雷击杆塔时塔头绝缘上的电压。雷击主要通过直击雷（包括绕击）、感应雷和地电位反击三种方式对线路造成危害，如果不安装避雷线，则雷电直击杆塔的过电压或直击导线与直击避雷线所产生的过电压相差可达 6 倍以上。

（2）防感应雷。针对配电线路的绝缘弱点，如个别铁横担、金属杆塔、特别高的杆塔、带拉线的杆塔和终端杆，都应装设避雷器进行保护。对配电线路上的电气设备，如配电变压器、隔离开关和断路器等，都应根据其重要性分别采用不同的保护设备。

（3）合理采用和改善屏蔽方面的技术措施。在导线下方架设耦合地线；在横担与避雷线间架设辅助地线；在塔顶安装单根避雷针或多针系统；在横担上设置预放电棒和负角保护针，在易击塔和易击段使用耦合地线，用击距法进行防雷分析，不仅可以增大耦合系数的作用，还可以增大耦合地线对下导线的屏蔽作用，相当于降低了导线对地高度或杆塔对地高度运行。

（4）由于输配电线路部分地段采用的是大跨越高杆塔，如跨河杆塔等等，增加了杆塔落雷的机会。塔顶电位高，塔高等值电感大，感应过电压也高；受到绕击的概率较大。这些都增大了线路的雷击跳闸率。为了降线路低跳闸率，可将高杆塔上的绝缘子串片数增多，加大大跨越档导地线与底线间的距离，以加强线路绝缘来达到提高线路耐雷击水平的目的。

3. 输配电线路防雷保护装置

目前的防雷设备有避雷针（避雷线）和避雷器。

（1）避雷针

为了保护电气设备和输电线路免受直接雷击，常采用避雷针和避雷线避雷的方法，通常认为避雷针的作用就是利用尖端放电，使之与雷云中的电荷中和，来阻止雷电的形成，其实这种想法是错误的。事实上，避雷针高出被保护物体，其作用是将雷电吸引到自己身上，通过接地装置，安全的将雷电流泄入大地，避免其保护范围内的其他物体遭到雷击，起到了较好的保护作用。一定高度的避雷针下面，其保护区域的物体基本上不会遭到直接雷击，把这种安全区域叫作避雷针的保护范围。其保护范围的大小与避雷针的高度有直接关系。一支一定高度的避雷针，只能保护一定范围内的物体不受雷击，其保护范围近似于圆锥体形状的空间。由于单支避雷针的保护范围有限，所以我们往往采用多支避雷针联合保护的方法，以扩大其保护范围。

（2）避雷器

避雷器是用于防止雷电波沿线路侵入变电站或其他建筑物，危害电气设备绝缘的一种防雷装置，它必须与被保护的设备并联。避雷器间隙的击穿电压比被保护设备的绝缘击穿电压低，电压作用正常工作时，避雷器间隙不会被击穿，对地放电，使大量电荷都泄入大地。从而减少了被保护设备绝缘上的过电压数值，起到了保护电气设备绝缘的作用。

以上所述的防雷措施中，架设避雷线、避雷器、避雷针等防雷措施，在实际工作中，应用较为普遍，而且都是行之有效的，并且可以根据具体情况分别选用，同时也可以根据具体情况在输配电线路应用设施系统中形成一个可靠的雷电防护系统。

第五章　变电站

第一节　变电站概述

变电站是连接电力系统中接受电能并通过变换电压分配电能的场所。它是电源线路和电力用户之间的中间环节，同时还通过同一电压等级的线路或变压器将电压等级不同的电网联系起来。

变电站主要由主变压器、高低压配电装置、载流导体、主控制室和相应的生产生活辅助建筑物等组成。

一、变电站主接线

变电站主接线是电气部分的主体，他是把电源线路、主变压器、断路器、隔离开关等各种电气设备通过母线或载流导体连接成为一个整体，并配置相应的互感器、避雷器、继电保护、测量仪表等构成变电站汇集和分配电能的一个完整系统的连接方式。

对变电站主接线要求是安全、可靠、灵活、经济。

（1）安全包括设备安全和人身安全。

（2）可靠就是变电站的接线应满足不同类型负荷不中断供电的要求。

（3）灵活就是利用最少切换来适应不同的运行方式。

（4）经济是在满足以上要求的条件下，保证需要的建设投资最少。

二、变电站电气设备

变电站的电气设备通常分为一次设备和二次设备两大类。一次设备是指用于输送和分配电能的电气设备，经由这些设备完成输送电能到电网和用户的任务，包括变压器、断路器、互感器、隔离开关、母线、瓷瓶、避雷器、电容器、电缆、输电线路等。二次设备是指对一次设备的工作进行监视、测量、操作和控制的设备，包括测量表计、控制及信号装置、继电保护及自动化装置等。

1.概述

（1）变压器。电力变压器的功能是用于变换电能，把低压电能变为高压电能以便输送；把高压电能变为低压电能以便使用。

（2）断路器。断路器是在电力系统正常运行和故障情况下，用作断开或接通电路中的正常工作电流及开断故障电流的设备。

（3）隔离开关。隔离开关是电力系统中应用最多的一种高压电气设备。它的主要功能是：

1）建立明显的绝缘间隙断开点。

2）转换线路，增加线路连接的灵活性。

（4）母线。母线的作用是汇集和分配电能。

（5）架空线路。架空线路是电力系统的重要组成部分，它担负着把强大的电力输送到工矿、企业、城市和农村的任务。

（6）熔断器。熔断器是利用熔丝熔断特性的设备保护电器。熔断器具有电阻值较大的熔丝或熔体，串联在电路中。当过载或短路电流通过时，熔丝或熔体因电阻损耗过大、温度上升而熔断，实现断开电路。

（7）避雷器。避雷器是用作保护电力系统和电气设备的绝缘，使其不受雷击所引起的过电压和内部过电压而损坏的电器。

（8）电压互感器和电流互感器。电压互感器和电流互感器的作用是：

1）给测量仪表、继电保护和其他二次设备提供信号。

2）是由它提供信号的二次设备标准化、小型化。

3）隔离一次和二次回路，保证运行人员和设备的安全。

2.变压器

（1）变压器工作原理

变压器的基本工作原理就是电磁感应原理。变压器的一次绕阻通过交流电后在铁芯中将产生一个交变的磁通（电能转变为磁能），二次绕阻由铁芯中这个交变的磁通感应出一个电动势（磁能转为电能），由于变压器一、二次绕组的匝数不同，所产生电磁感应电势也就不同，从而达到了变换电压及电流的作用。

（2）变压器的结构组成

变压器主要由：铁芯、绕阻、油箱与变压器油、绝缘套管、冷却装置、储油柜（油枕）和呼吸器等组成。

1）铁芯。铁芯是变压器的磁路部分，变压器的一、二次绕组都绕在铁芯上。

2）绕组。绕组是变压器的电路部分。接到高压电网的绕组成为高压绕组；接到低压电网的绕组称为低压绕组。

3）油箱与变压器油。油箱是油浸式变压器的外壳，变压器器身置于油箱内，箱内注满变压器油，油箱与变压器油的作用是绝缘和冷却。

4）绝缘套管。绝缘套管的作用是使变压器的引出线与接地的油箱体绝缘。

5）冷却装置。变压器运行时，有铁损、铜损及附加损耗，这些损耗将变成热量，使变压器有关部分温度升高。油浸式变压器的散热过程如下：首先靠传导作用将绕组和铁芯内部的热量传到表面，然后通过变压器油的自然对流不断地将热量带到油箱壁和油管壁，再通过与油箱体有油路连接的散热器将变压器箱体内的散发到周围的空气中。

6）储油柜（油枕）。当变压器油的体积随油的温度膨胀或缩小时，储油柜起储油及补油作用，从而保证油箱内充满油。装设储油柜使变压器缩小了与空气的接触面，减少了油的劣化速度。储油柜的侧面还装设了一个油位计，从油位计可以监视油位的变化。

7）呼吸器。当储油柜内的空气随变压器油的体积膨胀或缩小时，排出或吸入的空气都经过呼吸器，呼吸器中的干燥剂吸收空气中的水分，对空气起过滤作用，从而保持变压器油的清洁。

3. 断路器

高压断路器是电力系统最重要的控制和保护设备。高压断路器在正常运行中用于接通高压电路和断开负载，在发生事故的情况下用于切断故障电路。

（1）真空断路器的工作原理

真空断路器利用高压真空中电流过零时等离子体迅速扩散熄灭电弧，完成开断电流的任务。

当动、静触头在操动机构作用下带电分闸时，在触头间将产生真空电弧，同时由于触头的特殊结构在触头间隙中产生适当的纵磁场，使真空电弧保持扩散并维持较低的电弧电压，在电流自然过零时残留的离子、电子和金属蒸汽在微秒数量级的时间内就可复合或凝聚在触头表面和屏蔽罩上，灭弧室断口的介质绝缘强度很快恢复，从而电弧被熄灭，达到分断的目的。

（2）真空断路器的特点

1）采用真空灭弧，开断能力强，电寿命常，机械寿命达 10000 次。

2）结构简单，免维护，不检修周期长。

3）绝缘性能好，抗污秽能力强。

4）可配弹簧和电磁操动机构，机械性能可靠，可频繁操作。

5）无火灾和爆炸隐患。

4. 隔离开关

（1）基本原理

隔离开关又叫隔离刀闸，是高压开关的一种。隔离开关没有专用的灭弧装置，不能用来切断负荷电流和短路电流，但他具有电动力稳定性和热稳定性，不因短路电流通过而自动分开或烧坏触头。

（2）用途

1）隔离电源，使停电工作的设备与带电部分实现可靠隔离，即有明显的断开点。

2）分、合无阻抗并联支路。

3）接通或断开小电流电路。

（3）基本结构

隔离开关基本由下列各部分组成：

1）接线端。连接母线和设备。

2）触头。包括动、静触头或两个可动触头。

3）绝缘子。包括支持绝缘子、操作绝缘子。

4）传动机构。接受操动机构的力，用拐臂、连杆、操作绝缘子等传给触头实现分合闸。

5）操动机构。通过传动装置，控制隔离开关分、合并供给操动力。

6）支持底座。将上述各部件组合固定。

5. 互感器

互感器在电网的电能计量、继电保护、自动控制等装置中用于变换电压或电流，隔离高压电压，保障工作人员与设备安全。在电网中运行数量多，长期处于运行状态，其工作可靠性对整个电力系统的安全运行具有重要意义。

（1）电压互感器

电压互感器是将电力系统的高电压变成一定标准低电压（100V 或 100/V）的电气设备。

1）电压互感器的工作原理

电压互感器从结构上讲是一种小容量、大电压比的降压变压器，基本原理与变压器相同。但是电压互感器不输送电能仅作为测量和保护用的标准信号源。

2）电压互感器的作用

电压互感器的作用，是使一次回路的高电压变为二次回路的标准低电压，使仪表和保护装置标准化，还可以使仪表等二次设备和高电压隔离，降低二次设备的绝缘水平，使其结构简单，造价便宜，安装方便，便于集中控制。

3）电压互感器的特点

①电压互感器二次回路的负载是计量表计的电压绕组和继电保护及自动装置的电压绕组，其阻抗很大，二次工作电流小，相当于变压器的空载运行。

②电压互感器二次侧绕组不能短路。由于电压互感器的负载是阻抗很大的仪表电压绕组，短路后二次回路阻抗仅仅是二次绕组阻抗，因此会在二次回路中产生很大的短路电流，影响表计的指示，造成继电保护回路误动，甚至烧毁互感器。

③由于互感器一次侧与线路有直接连接，其二次绕组及零序电压绕组的一端必须接地，

以免线路发生故障时，在二次绕组和零序电压绕组上感应出高电压，危及仪表，继电器和人身安全。电压互感器一般是中性点接地，若无中性点，则一般是采用 b 相二次绕组一点接地。

④变比。

电压互感器的变比 K

K= 一次侧额定电压 / 二次侧额定电压

（2）电流互感器

电流互感器是将电力系统中的大电流变成一定标准的小电流（5A 或 1A）的电气设备。

1）电流互感器的工作原理

电流互感器的基本工作原理和变压器基本相同，所不同的是电流互感器只利用了变压器变换电流的作用。

2）电流互感器的作用

电流互感器与测量仪表相配合，可以测量电力线路或电气设备的电流；与继电保护装置相配合，可对电力系统进行保护。同时也使测量仪表和继电保护装置标准化，并与高电压隔离。

3）电流互感器的特点

①电流互感器在运行时，二次回路始终是闭合的，因为其二次负荷电阻的数值比较小，接近于短路状态。电流互感器的二次绕组在运行中不允许开路，因为出现开路时，在二次侧绕组中会感应出一个很大的电动势，这个电动势可达数千伏，无论对工作人员还是对二次回路的绝缘都是很危险的。

②电流互感器的二次绕组至少应有一个端子可靠接地，它属于保护接地。

③电流互感器与电压互感器的二次回路不允许互相连接。

三、变电站继电保护基本原理

运行中的电力系统，由于雷击、倒杆、内部过电压或运行人员的误操作等原因均会造成电力系统的故障和不正常运行状态。

（1）电力系统常见的故障也是最危险的故障即短路故障。短路故障的形式主要由三相短路、两相短路、两相接地短路和单相接地短路。短路的特点之一是会产生很大的短路电流，凡是有短路电流流经的电气设备将严重发热和受到很大电动力的作用，从而引起设备的损坏。短路故障的另一危害是电压和频率下降，影响用户的正常用电。

（2）电力系统的不正常运行状态，即电气设备的运行参数偏离了规定允许值。常见的不正常工作状态有：过负荷、温度过高等。不正常工作状态将引起绝缘损坏，严重时可能发展成为故障。

在电力系统中，除应积极采取措施消除和减少发生故障的可能性以外，若故障一旦发生，必须迅速而有选择性的切除故障元件，这是保证电力系统安全运行的最有效方法之一。

切除故障的时间常常要求小到十分之几甚至百分之几秒，实践证明只有装设在每个电器元件的保护装置才有可能满足这个要求。

继电保护装置，就是指能反应电力系统中电器元件发生故障或不正常运行状态，并动作于断路器跳闸或发出信号的一种自动装置。

1.继电保护装置的基本任务

（1）发生故障时，应自动的、迅速的、有选择性的将故障设备从系统中切除，使故障设备免遭更严重的损坏，保证无故障部分继续运行。

（2）发生不正常工作状态时，根据运行维护条件确定保护动作于信号还是动作于跳闸。

2.对继电保护的基本要求

（1）选择性。选择性是指当系统发生故障时，保护装置仅将故障元件切除，保证系统中非故障部分继续运行，使停电范围尽量缩小。

（2）快速性。继电保护的快速性是指继电保护以允许而又可能的最快速度动作于断路器的跳闸，断开故障元件或线路。

（3）灵敏性。继电保护的灵敏性是指继电保护对其保护范围内发生故障及不正常状态的反应能力。

（4）可靠性。保护的可靠性是指：在它的保护范围内发生属于它动作的故障时，应可靠动作，即不应拒动；而发生不属于它动作的情况时，则应可靠不动，即不应误动。

根据不同原理构成的继电保护装置种类虽然很多，但一般情况下，它们都是由三个基本部分组成，即测量部分、逻辑部分和执行部分。

测量部分用于测量被保护元件的参数，并同整定值比较以确定是否发生故障或不正常工作状态，然后输出相应的信号至逻辑部分。逻辑部分的作用是根据由测量部分输入的信号进行逻辑判断，以确定应使断路器跳闸还是发出信号，并将此信号输入到执行部分。执行部分根据逻辑部分送来的信号去执行保护装置的任务，跳闸或发出信号。

四、变电站电气设备的运行巡视检查

1.变压器的运行巡视检查

（1）新装或检修后变压器在投运前的检查

1）变压器本体应无缺陷，外表整洁，无渗油和油漆脱落现象。

2）变压器绝缘试验应合格，项目齐全，无遗漏项目，各项试验报告齐全。

3）变压器各部油位应正常，各阀门的开闭位置应正确，油的简化试验、色谱分析和绝缘强度实验应合格。

4）变压器外壳接地良好，接地电阻合格，铁芯接地、中性点接地、电容套管接地端接地应良好。

5）各侧分接开关位置应放置在调度要求的档位上，并三相一致。有载调压变压器，电动、手动操作指示均应正常。各档直流电阻测量应合格，相间无明显差异，与历年测试值比较相差不大于 ±2%。

6）基础应牢固稳定，应有可靠的制动装置。

7）保护、测量、信号及控制回路的接线应正确，保护按整定值整定校验并试验正确，记录齐全、保护连接片在正常位置，且验收合格。

8）呼吸器油封应完好，过气畅通，硅胶未变色。

9）主变压器引线对地及相间距离应合格，各部导线应紧固良好，无过紧过松现象，35KV 侧应贴有示温蜡片。

防雷保护应符合规程要求。

10）防爆管内应无存油，玻璃应完整，其呼吸小孔螺丝位置应正确。防暴器红点不弹出，动作发信试验正常。

变压器安装的坡度应合格（沿气体继电器方向的变压器大概坡度应为 1%~1.5%，变压器油箱到油枕的连管坡度应为 2%~4%）。

11）接线正确，接线组别能满足电网运行要求。二次侧必须与其他电源核相正确，无误后方可并列，相应漆色应标志正确、明显。

12）温度表指示正确（就地及远方遥测）。

13）套管升高法兰、冷却器顶部和气体继电器各部位应放气。如气体继电器上浮子动作，则应放气，如连续动作则可能为有漏气点，不得投运。

14）变压器上无流遗物，临近的临时设施应拆除，永久设施布置完毕，现场干净，上下变压器的扶梯应挂"禁止攀登，高压危险！"标志牌。

15）一、二次安装或大修工作票应全部工作结束，工作人员全部撤离现场。

（2）新投入或大修后变压器的运行巡视

1）正常音响为均匀的"嗡嗡"声如发现音响特别大且不均匀有放电声，应判断为变压器内部有故障。运行值班人员应立即进行分析并汇报，请有关人员鉴定。必要时将变压器停下来做试验或吊芯检查。

2）油位变化情况应正常，包括变压器本体、有载调压、调压套管等油位。如发现假油位应及时查明原因。

（假油位产生的原因可能是：①油标管堵塞；②呼吸器堵塞；③安全气道气孔堵塞；④薄膜保护或油枕在加油时未将空气排尽。）

3）用手摸试散热器温度是否正常，以证实各排管阀门是否均已打开。手感应与变压器温度指示一致，各部位温度应基本一致，无局部发热现象，变压器带负荷后油温应缓慢上升。

4）监视负荷变化，三项表计应基本一致，导线连接点应不发热。

5）瓷套应无放电、打火现象。

6）气体继电器内应充满油。

7）防爆管玻璃应完整，防暴器红点应不弹出，无异常信号。

8）各部位应无渗漏油。

（3）变压器正常巡视

1）变压器的油温是否正常，油枕的油位与温度是否相对应。

自然循环冷却器变压器的顶层油温不宜经常超过85℃。

表 5-1-1 油浸式变压器顶层油温一般限值

冷却方式	冷却介质最高温度（℃）	最高顶层油温（℃）
自然循环自冷、风冷	40	95
强迫油循环风冷	40	85

2）检查套管外部有无破损裂纹、有无严重油污、有无放电痕迹及其他异常现象，套管油位是否正常。变压器套管的油位表为玻璃管油位表，当环境温度25℃时油位计的油面应指示在二分之一的位置，冬季在四分之一：夏季在四分之三为正常油位；若明显低于上列油面应加油。

3）变压器音响是否正常，有无异常变化。

4）各散热器的阀门应全部开启，各冷却器手感温度应相近；

5）检查吸湿器是否完好，吸附剂干燥剂是否严重受潮变色。

6）引线接头、电缆、母线应有无发热现象；引线是否过松或过紧，连接处接触是否良好，有无发热现象。

7）压力释放器、安全气道及防爆膜应完好无损；呼吸器应畅通，油封应完好，硅胶不变色。

8）有载分接开关的分接位置、电源指示是否正常，切换开关油位及吸湿器是否正常；电动机构箱门封闭是否良好。

9）气体继电器内有无气体，气体继电器是否充满油。

10）各控制箱和二次端子箱是否关严，有无受潮。

12）油浸式变压器各部位有无渗油、漏油现象；干式变压器的外部表面有无积污。

（4）主变压器的特殊巡视检查

在下列情况下按照变电站特殊性巡视检查的要求应对变压器进行特殊巡视检查，增加巡视检查次数。

1）新投或经过检修、改造的变压器在投运72h内。

2）变压器有严重缺陷时。

3）天气突变（如大风、大雾、大雪、冰雹、寒潮等）时。

4）雷雨季节特别是雷雨后。

5）夏季高温季节或变压器在高峰负载运行期间。

（5）分接开关巡视检查项目有

1）电压指示应在规定电压偏差范围内。

2）控制器电源指示灯显示正常。

3）分接位置指示器应指示正常。

4）分接开关储油柜的油位、油色、吸湿器及其干燥剂均应正常。

5）分接开关及其附件各部位应无渗漏油。

2. 断路器的正常运行维护项目

1）对不带电部分定期清扫。

2）配合其他设备停电机会，对传动部位进行检查，清扫瓷瓶积存的污垢，对存在缺陷及时处理。

3）按设备使用说明书对机构添加润滑油。

4）检查控制、合闸回路保险是否接触良好，熔丝选用是否正确。核对容量是否相符。

（1）真空断路器的巡视检查项目

1）分、和位置指示正确，并与当时实际运行工况相符。

2）支持绝缘子无裂痕及放电异常。

3）真空灭弧室无异常。

4）接地完好。

5）引线接触部分无过热、引线尺度适中。

（2）电磁操作机构的巡视检查项目

1）机构箱门平整，开启灵活，关闭紧密，无潮湿渗水现象。

2）检查分、合闸绕组及合闸接触器绕组无冒烟异味。

3）直流电源回路接线端无松脱、无铜绿或锈蚀。

4）加热器正常完好。

（3）弹簧操作机构的检查项目

1）机构箱门平整，开启灵活，关闭紧密。

2）断路器在运行状态。储能电动机的电源刀闸或熔丝应在闭合位置。

3）断路器在分闸备用状态时，分闸连杆应复归，分闸锁扣到位，合闸弹簧应储能。

4）检查储能电动机、行程开关接点无卡住和变形，分、合闸线圈无冒烟异味。

5）防凝露加热器良好。

3. 隔离开关的运行巡视检查

（1）隔离开关的支柱绝缘应裂痕、绝缘瓷质应清洁、无放电声和电晕。

（2）隔离开关的触头应接触紧密，无发热、偏斜、振动、打火、锈蚀、断裂、拉弧等异常现象。

（3）隔离开关拉开断口的空间距离应符合规定。引线的连接部位接触良好，无过热。

（4）操作机构箱门应关好，密封应良好，加热器工作正常，机构应不漏油，不受潮，电动齿轮机构应无裂纹及卡阻现象。

（5）机构的分、合闸指示应与设备的实际分、合闸位置相符。

4. 母线的运行巡视检查

（1）母线、引线及设备螺栓连接器和连接点，除定期检测温度外，应利用停电检修机会拆卸检查接触情况，并清擦或打磨接触面，使之接触良好，同时相应检查硬母线及引线的固定夹板松紧是否适当。

（2）检修后或长期停用的母线，投入运行前后要测绝缘电阻，并对母线进行充电试验。

（3）母线在通过短路电流后，不应发生明显的弯曲和变形损伤。

（4）母线及其连接点在通过其允许电流时，其温度不应超过 70℃。母线的连接部位接触应紧固，无松动，锈蚀断裂、过热现象，导线上悬挂物。耐张绝缘子串连接金具应完整良好。

（5）母线支柱绝缘应无裂纹、放电痕迹、并应定期进行绝缘检查和清扫。

（6）母线及引线无松股、断股、过紧、锈蚀、发热、震动损伤现象。

5. 电流互感器的巡视检查

（1）电流互感器过负荷不得超过额定电流的百分之十，如过载应加强监视，并详细记录过载时间、电流。运行中的电流互感器二次则不允许开路，以防由于铁心过饱和而产生的高电压，威胁电气设备及工作人员的安全。

（2）互感器在投运前应检查一、二次接地端子及外壳接地是否良好，二次则有无开路。互感器投运后应检查有关表计知识的正确性。检查互感器的油位、油色、示油管是否正常。

（3）一次导线接头应无过热现象。检查连接头示温片是否溶化，是否变色。

（4）检查套管和支持绝缘子是否清洁、有无裂纹、放电痕迹及放电声。

（5）检查内部有无不正常响声。正常运行中的声音均匀、极小或无声。如果"嗡嗡"声较大，可能铁心穿心螺丝夹不紧，硅钢片松弛，也可能是一次负载突然增大或过载等；如果有"嗡嗡"声很大，可能是因二次回路开路所致；如果内部有较大的"噼啪"放电声，则可能是绕组故障。

（6）冬季雪天检查有无冰溜，若有应及时使用相应等级的绝缘杆进行处理。

（7）冲油式电流互感器的油位、油色应正常，呼吸器完整，内部吸潮剂不潮解。

（8）干式电流互感器外壳应无裂纹，无碳化脆皮发热溶化现象，无烧痕和冒烟现象，无异常气味。

（9）检查油浸式互感器的外壳是否清洁，有无渗油、漏油。外壳应清洁，无渗漏油、严重锈蚀、过热、基础应牢固、外壳接地应良好。

（10）各种表计指示正确，有无开路现象。

电流互感器二次开路现象有；

1）有内部"吱吱"放电声，交流和感声变大，并有震动感。

2）二次回路接线端子排可能油打火、烧伤或烧焦现象。

3）电流表或功率表指示为零，电能表不转动而伴有"嗡嗡"声。

检查和判断可根据以下方法进行：

1）电流回路的标记指示有时无负荷。

2）差动保护、零序电流保护，由于开路后产生不平衡电流可能造成误动。开路相一次发生故障时，相应的继电保护不动作，引起越级跳闸。

3）二次电压升高，可能引起放电，严重时会将绝缘击穿。

4）因互感器铁心严重饱和而过热，使外壳温度升高，严重时会烧坏互感器。

6. 电压互感器的巡视检查

（1）6~10kv 及 35kv 网络发生单相接地时，电压互感器运行时间一般不超过 2h。电压互感器投运前应检查二次侧有无短路，以防烧坏二次绕组；还应检查高压保险及快速开关和限流电阻是否良好。高、低压熔丝及小开关应接触良好。无断路、短路和异声。

（2）互感器投运前检查一、二次接地端子及外壳是否接地良好。互感器投运后应检查有关表计指示的正确性。

（3）检查油浸式互感器外壳是否渗油、漏油，是否清洁。检查油位、油色、示油管是否正常。

（4）检查套管和支持绝缘子是否清洁、有无裂纹及放电痕迹、放电声。内部应无放电声和其他异常气味。

（5）检查内部有无不正常响声。

（6）检查外壳是否接地良好、完整。

（7）冬季雪天检查有无冰溜，若有应及时使用相应等级的绝缘杆进行处理。

（8）检查吸潮剂是否已变色失效。

（9）电压互感器常见的故障有：

1）35KV 系统单相接地时，全接地相电压为 0V，其他两项指示为 100V。

2）35KV 系统单项经高电阻或电弧接地时，接地相电压低于相电压，其他两项电压高于相电压，但达不到线电压，开口三角电压不到 100V。

3）根据集中信号盘上监视灯或表计指示进行判断故障性质。

4）高压熔丝熔断，熔断相所接的电压表指示要降低，未熔断相的电压表指示则不会升高，并可根据高压熔丝端头的颜色及放电声进行判断。

7. 阻波器的巡视检查

（1）检查导线有无断线，接头是否发热，螺丝是否松动。

（2）安装应牢固，不发生摇摆。

（3）阻波器上应无异物，构架牢固。

8. 耦合电容器的巡视检查

（1）耦合电容器引下线应牢固，接地应良好。

（2）检查耦合电容器绝缘表面有无放电痕迹、电晕产生。

（3）检查耦合电容器内部有无异常声响，发热迹象。

（4）瓷质部分应清洁、完整，无裂纹、无放电痕迹和放电现象。

（5）无渗油现象，无异常声响。

9. 避雷器和避雷针的运行巡视检查

避雷器和避雷针，是用来保护变电站电气设备的绝缘免受大气过电压及操作过电压危害的保护设备。

（1）检查避雷针有无倾斜、锈蚀的现象，以防避雷针倾倒。

（2）避雷针的引下线应可靠，无断路和锈蚀现象。

（3）大风天气、雷雨特殊天气注意观察避雷器和避雷针的摆动情况。

（4）雷雨后检查放电计数器的动作情况，并做好记录。

（5）检查避雷器表面有无闪络，放电计数器是否完好，内部有无进水，上下连接线是否完好无损。

10. 绝缘子的巡视检查

（1）正常巡视绝缘子应清洁、完整、无破损、裂缝。

（2）阴雨、大雾天气，瓷质部位应无电晕和放电现象。

（3）雷雨后，应检查瓷质部位有无破裂、闪络痕迹。

（4）冰雹后，应检查瓷质部分有无破损。

11. 所用系统的巡视检查

（1）检查所用变压器的电压，并进行切换检查三相电压的均衡性是否稳定合格。

（2）检查站用母线的负荷分配情况，以使负荷均匀分配。

（3）检查开关及各连接点有无发热现象。

（4）检查各空气开关运行良好。

（5）检查站用屏内有无异常声响，有无异常气味。

12. **变电站直流装置的运行监视及维护**

（1）绝缘状态监视。运行中的直流母线对地绝缘电阻值应不小于$10M\Omega$。值班员每天应检查正母线和负母线对地的绝缘值。若有接地现象，应立即寻找和处理。

（2）信号及电流监视。主要监视交流输入电压值、充电装置输出的电压值，蓄电池组电压值、直流母线电压值、浮充电流值及绝缘电压值等是否正常。

（3）信号报警监视。值班员每日应对直流电源装置上的各种信号灯、声响报警装置进行检查。

（4）自动装置监视。检查自动调压装置是否工作正常，若不正常，启动手动调压装置，通知检修人员修复。

（5）检查危机监控器工作状态是否正常，若不正常应退出运行，通知检修人员调试修复。

（6）直流断路器及熔断器监视。在运行中，若直流断路器动作跳闸或者熔断器熔断，应能发出报警信号。运行人员应尽快找出事故点，分析出事故原因，立即进行处理和恢复运行。

（7）充电装置的运行监视与维护。运行人员及专职人员，每天应检查充电装置三相交流输入电压是否平衡或缺相，运行噪声有无异常，各保护信号是否正常，交流输入电压值、直流输出电流值等各表计显示是否正确。

（8）铅酸蓄电池的运行监视。

1）直流母线电压应正常。

2）测量蓄电池电压、温度、比重应正常。

3）蓄电池液面应正常。

4）室温应正常。

5）室内应清洁，无强酸气味。照明、通风应良好。

6）电池箱不倾斜，表面清洁，无裂纹。导线连接处不锈蚀，凡士林涂层完好。

7）防酸隔爆式蓄电池的呼吸帽应清洁，无堵塞想象。

五、变电站倒闸操作

变电站运用中的电气设备有运行、热备用、冷备用和检修四种不同的状态。要将电气设备由一种状态转换到另一种状态，就需要进行一系列的倒闸操作。

（1）使用断路器拉、合闸。在装有断路器的回路中，必须使用断路器拉合负荷电流和短路电流，严禁使用隔离开关拉合除电压互感器回路之外的负荷电流。

（2）断路器及两侧隔离开关的拉合顺序。

停电时，先从负荷侧操作。在断开断路器后，检查断路器确在断开位置后，先拉开负荷侧隔离开关，最后拉开电源侧隔离开关；

送电时先从电源侧操作。检查断路器确在断开位置后，先合上电源侧隔离开关，后合上负荷侧隔离开关，最后合上断路器。

（3）变压器停、送电的操作。变压器停电时应先断开低压侧断路器，后断开高压侧断路器；送电时应先合上高压侧断路器，然后再合上低压侧断路器。

（4）断路器操作的一般要求。

1）远方操作断路器时，必须按照控制断路器要求的方向、将其转到终点位置，且不得用力过猛，以防损坏断路器控制开关；也不得返回太快，以防断路器操作机构通电时间不足未断开或未合上断路器。

2）就地操作断路器时，要迅速果断，并应采取防止断路器故障或威胁人身安全的必要措施，禁止运行中慢分、慢合断路器。

3）操作前应检查断路器的实际运行位置，检查断路器具备的运行条件——即控制回路、辅助回路、控制电源均正常，储能机构已储能。

4）操作中应同时监视有关电压、电流、功率等表计的指示及红绿灯的变化。

5）操作后，应检查有关信号、测量仪表以及断路器机械位置指示器的指示，以判断断路器动作的正确性。

6）断路器经检修后恢复运行，操作前应检查检修中为保证人身安全所设置的安全措施（如接地线等）是否全部拆除，防误操作闭锁装置是否正常。

（5）隔离开关操作时的一般要求。

1）在手动合隔离开关时，必须迅速果断，但在合到底时用力要适当，以防合过头损坏支持瓷瓶。合闸后应检查隔离开关的触头是否完全合入，接触是否严密。在合隔离开关的过程中，如果发生不应有的弧光或发现是误合时，则应将隔离开关迅速合上，禁止再拉开。因为带负荷拉开隔离开关会使弧光扩大，造成设备更大的损坏或人身事故，此时只能用断路器切断该回路后，才允许将误合的隔离开关拉开。

2）手动拉开隔离开关时，应缓慢而谨慎，特别是闸刀刚离开静触头而发生异常电弧时，应立即合上，停止操作。但在切断小容量变压器空载电流、电压互感器高压回路时均有电弧产生，此时应迅速将隔离开关拉开，以便于消弧。拉开隔离开关后，应检查每一相确已断开，闭锁销子应锁住。

3）在操作隔离开关后，应检查隔离开关的实际位置。因为有时由于操作机构有缺陷或调整不当，经操作后实际上未合好或拉开。

（6）高压跌落式熔断器的操作。

1）无风条件下。停电操作时的顺序为：先拉中间相，后拉两边相；送电操作时的顺序为：先合两边相，后合中间相。

2）有风条件下。停电操作的顺序为：先拉中间相，再拉上风向，后拉下风向；送电操作的顺序为：先合下风向，再合上风向，后合中间相。

六、变电站事故处理

1. 事故处理的主要任务

（1）尽量限制事故的发展，解除对人身和设备安全的威胁，并消除或隔离故障的根源。

（2）用一切可能的方法，保持完好设备的继续运行，首先保证站用电源和对重要用户的供电，如发生间断，则应尽快优先恢复。

（3）尽快对已停电的用户恢复供电。

2. 处理事故时值班人员的职责

电气设备发生事故时，运行人员必须沉着、冷静、迅速、准确地进行处理，不应慌乱匆忙或未经慎重考虑即进行处理，以免扩大事故。如果很紧张，一定要调整好自己的情绪，保持清醒的头脑，特别是值班负责人更要注意这一点。

（1）处理事故时，值班人员必须坚守岗位，集中精力，加强运行监视，保持正常设备的正确运行方式，防止事故扩大，并对事故处理的正确和迅速负责。

（2）变电站值班长是变电站处理事故的负责人、应掌握事故情况，及时向调度员报告，并组织值班员协同配合处理事故。

（3）变电站值班员，应加强运行监视，及时将发现的异常情况报告值班长，并在值班长的指挥下进行各项事故处理的操作。如逢交接班时发生事故，则由交班人员负责处理、接班人员协助，待恢复正常时再交班。

（4）处理事故时，值班人员必须有一人做好记录，特别要记录与事故有关的现象，各项操作时间、先后次序，以及与调度联系情况等，同时还应进行录音。

（5）设备发生事故时，应使用正规调度术语，简明、准确、及时地报告调度员本站发生的情况，如时间、动作的保护、跳闸断路器、停电范围及一次设备等。接受处理命令后，迅速执行。如调度员命令有错误时，应及时指出，当调度员确定自己命令正确时，则应立即执行；如调度命令直接威胁人身和设备安全，则无论任何情况均不得执行。（例如：当线路事故抢修人员还尚未撤出，而调度员误发向线路送电的命令。）

3. 处理事故的一般顺序

（1）根据表计的指示、保护和自动装置的动作情况、断路器跳闸的先后时间和设备的外部象征以及现场目睹者汇报的情况，判断事故的全面性。

（2）如果对人身或设备安全有威胁时，应立即设法解除这种威胁，必要时立即停止设备的运行。

（3）迅速检查保护动作情况、巡视一次设备，尽力保持或恢复未受损坏设备的正常运行。

（4）加强巡视一次设备，进一步判明故障部位、故障性质及范围，并及时进行处理，必要时应通知检修人员前来处理，并在其到达前做好现场安全措施。

（5）应将事故处理每一阶段的情况，迅速而正确地报告调度和有关上级，后期事故处理应按调度命令进行。

（6）如果变电站内电气设备故障，必须把故障设备隔离后，再根据调度命令或现场规程要求进行处理，恢复送电。

第二节　变电站建设工程管理

一、变电站建设工程管理方法

1. 变电站建设工程管理的必要性

电力工程是我国国民经济的基础产业，电力工业为我国国民经济与社会的发展提供了强大的推动力，为社会生产生活提供了积极的促进作用。变电站工程管理对整个项目的开发与建设都有着深远的现实意义与影响。在项目施工中，依照相关要求与行业标准对整个项目开发与建设进行严格的监督与控制。在整个过程中，工程管理不仅掌控着施工进度与工期，还直接对建设项目进行监督与管理，严格监管项目开发与施工的各个环节，避免对各项资源以及生产要素造成浪费，以此降低企业的投资成本。

工程管理是变电站行业发展中一个关键环节，对整个建设项目都有至关重要的影响与作用。如果项目工程管理不到位不仅造成项目投资成本增加，造成不必要的浪费，还会出现违法违规操作，偷工减料的现象。不仅影响着企业相关投资人的利益，更会对人们的生命财产安全造成严重影响。所以说一个工程的质量直接影响着企业双方的经济利益，因此，必须重视项目工程管理技术与水平。

2. 目前我国变电站建设工程过程中存在的问题分析

（1）变电站建设工程管理制度不够完善

无论是在企业还是机关单位发展过程中，一个科学、全面的管理制度对于其长久稳定发展具有至关重要的作用，对于变电站建设工程来说也是如此。在制定相关管理制度与其他规章制度的时候，必须要建立在项目施工与建设的实际情况基础之上，对施工人员进行合理分配，对生产要素与资源进行优化与调整。如果企业只是一味地追求经济效益，而忽视对相关制度与管理模式的建立，不断缩减施工人员的人数，这就会严重影响工程项目管理部门对施工各个环节与施工进度的监督力度，导致很多施工人员怠惰，不认真工作，存在敷衍的工作态度与投机取巧的心理，进而对变电站工程施工质量造成严重影响。我国大部分变电站，在进行建设工程管理过程存在的主要问题就是管理制度不完善，制度内容缺乏针对性与可操作性，也就是说这些内容与变电站建设工程管理实际并没有紧密的联系。此外，有的企业即使建立了相关的规章制度严格的管理制度，但是实际建设中，这些制度并没有得到真正的贯彻与落实，制度形同虚设，这对工程施工质量造成严重影响。

（2）电力企业管理不科学

对于电力个体企业进行管理过程中，相关政府不仅要考虑到国家的有关政策，还需要制定一定的监督规章制度，复杂、庞大的任务量使得政府对电力管理进行相关划分，因为政府没有那么大的精力与时间来管理各个电力企业，只能让不同的部门承担起相应的管理职责。比如财政部分从成本控制与财务监督方面来管理电力企业，电监会主要是对电力企业的许可证以及其他手续进行监督管理。每个部门承担着不同的监督职责，导致电力个体企业的监督职责没有形成一个统一的整体，使监督机构失去独立性与统一性，由于繁多、复杂的部门体系使得监督机构没法进行深入的统筹管理。同时，政府掌控着电价，对于电力领域的各个工作与具有内容具有绝对的话语权，也就是说政府是电力领域的制定者，政府过分干预导致了市场失去了它原本的价值，对我国经济效益的提升造成严重阻碍。

（3）安全控制管理制度不够完善

为了保证变电站工程项目建设的顺利进行与开展，必须建立完备的管理制度与规章作支撑，完善的管理制度是变电站安全控制工作顺利开展的基础与前提。但是在实践的情况中，部分的电力企业在安全控制方面还存在很多问题。首先就是管理制度更新不及时，跟不上社会发展的脚步，电力系统运行中总是会出现很多意想不到的问题，需要电力企业在实际操作中不断地改进与完善，但是大部分的电力企业安全控制管理制度更新不及时，甚至无法满足电力运行的需求。再者就是管理内部太过宽泛，在一些内容上约束比较含糊，不清楚，不能给具体工作提供明确性的指导，从而对电力系统与安全控制工作造成一定的阻碍。特别是奖惩制度，在实际操作中过于看重人情，导致奖惩制度没有真正的落实，不能对员工发挥约束的效力。

（4）变电站建设工程管理人员的职业素养有待提高

变电站建设工程管理中包括管理者与被管理者，二者的专业水平与综合素质都直接影响着工程的质量与施工进度。现阶段，管理者与被管理者的专业水平与综合素质都不高，进而导致变电站建设工程管理的成效不理想。大部分企业一味追求经济效益，为了经济施工成本，追求效益的最大化，让员工加班加点工作，短期来看确实会提高企业的经济效益，但是从长远角度来分析，这种管理模式存在诸多问题，存在极大的安全隐患。此外，大部分被管理者都是以农民为主体的施工人员，其文化水平与素质相对较低，而且流动性比较大，没有安全意识，对自己的合法权益意识不到位，这些问题都增加了变电站建设工程管理的难度。

3.加强我国变电站建设工程管理的有效对策

（1）加强对变电站建设工程质量的监督与管理力度

为了更好地提高我国变电站建设工程管理效率，不断促进变电站的发展与进步，必须加强变电站建设工程质量监督管理。在工程项目建设过程中，不可以片面追求施工进度，只重视经济效益，必须严格依照开发企业相关规定与设计要求进行操作，在加快施工进度的前提下保证施工质量，根据施工的具体情况与周围环境适当的缩减施工时间。此外我国政府不要过分干预电力市场，要保障发挥市场调节机能，在必要的时候，政府可以根据市场情况进行适当的调节，这样不仅可以充分发挥市场自身的调节功能，还可以进一步完善电力行业。相关监督管理人员在变电站项目建设中必须要加大对整个过程的监督与管理力度，一旦发现任何问题，应该及时与施工单位进行沟通，促使施工单位及时修改这些问题。建立健全的管理机制与监督机制是变电站建设与良好发展的基础，明确各个部门的职责，在管理范围内，保证监督工作得到真正的贯彻与落实，保证变电站建设项目的整体施工质量。

（2）提高变电站建设工程管理人员与施工人员的素质

在工程施工过程中，施工人员的素质与专业技能对施工质量具有直接影响，因此，必须要提高施工队伍的整体素质。对于不同施工环节的人员应该对其进行技能培训并且进行安全教育，对施工人员进行考核，主要包括职业素质与专业技术考核。以此提高他们的安全意识与职业素养，完善自身的不足之处，提高职业素养。变电站建设工程领导应该注意自己建设工程管理人员的职业素养，开设讲座提高他们的安全意识与管理能力，并且建立专业知识交流会，让老员工与新员工进行专业技能与工作经验学习，共同进步，从而为变电站建设工程施工现场安全管理工作做出贡献。此外，在选择施工人员的时候一定要选择专业技术强的人来进行施工操作，并定期对这些人员进行考核。还需要对施工现场进行有效管理与控制，控制好施工进度与施工质量。还可以实现适当的奖励机制，提高施工人员的工作效率与积极性，确立正确的工作态度，保证施工的整体质量与安全，减少安全事故发生的概率。

（3）创新管理模式，提高管理水平

首先，必须创新观念，改变传统管理模式，管理是一个非常细致而且复杂的过程，包括很多方面的流程，要考虑施工当中的各种情况与很多的因素，每一个工作管理与维护都需要投入大量的人力、物力与资金。项目管理企业在对业务开展的过程中，不仅需求进行项目的管理工作，还需要对变电站工程进行初步的设计与审查。同时，还需要培养专业能力强、综合素质高的人才，不断突破项目管理的传统思想观念，积极参与到国际竞争中，探求与国际合作的机会，在借鉴于学习其他先进国家的专业技术知识与项目管理模式的同时，还要不断调高自身的变电站工程项目管理水平。

二、变电站施工过程中质量控制和安全管理

1.变电站施工的特点分析

（1）限制因素多

在电力系统中，变电站作为一项重要的电力基础设施，也是影响电力系统运行的重要因素。在变电站施工过程中，地形、地质等因素都会影响到变电站的施工，这也涉及变电站施工的选址问题，变电站施工选址的适宜性，直接影响着变电站施工的质量和效率，也会对变电站建成并正式投入使用造成一定影响。为了保证变电站施工选址的合理性，降低地形、地质等因素对变电站施工造成的限制，应根据整个电力系统的建设规划，结合对环境条件、地形地质等多方面的考虑，选择适合建设变电站的地质地形，降低变电站施工难度，减少成本预算，采取针对性措施降低地形、地质等限制因素对变电站施工造成的不利影响，以便保障变电站施工的顺利进行，从而确保变电站施工的质量及安全能够得到有效控制。

（2）技术含量高

基础电力设施的建设具有极高的危险性，而电力设施的施工质量也会对电力系统的安全运行造成很大影响，特别是变电站。施工技术的先进性及合理性直接影响着变电站的施工，也是影响变电站施工质量及施工安全的重要因素。与常规建筑项目相比，变电站施工的技术含量更高，这也对施工人员的技术水平、施工经验提出了更高的要求。为了更好地控制变电站的施工质量及施工安全，应合理选用适宜且先进的施工技术，严格把控变电站施工的全过程，加强对施工技术实施规范性的监管，避免因技术缺陷而影响到变电站施工的顺利进行，以便确保变电站施工的质量与安全能够得到有效控制，确保变电站的施工质量能够达到安全使用标准，从而保障电力系统的安全稳定运行。

2.变电站施工过程中的质量控制策略

（1）严格控制施工材料的质量

施工材料的质量是影响变电站施工质量的重要因素之一，而施工材料也是实施变电站施工的重要基础条件。因此，为了更好地控制变电站施工的质量，应严格控制施工材料的质量，在变电站施工过程中，相关工作人员应根据材料管理及工程项目施工的相关规定，按照相应标准严格检查变电站施工所选用的材料与设备，采用抽检方式对材料质量进行检验，及时销毁或退回质量不达标的施工材料，避免因施工材料的质量不符合施工条件而造成严重的质量问题及经济损失，以便达到控制变电站施工质量的目的。尤其是对变电站施工具有重要影响的关键性材料，管理人员应加强对关键性材料的监管和检查，详细记录材料的检验情况，全面记录施工材料的使用情况，以便确保变电站施工质量能够得到有效控制。

（2）加强审查施工图纸

在电力系统建设中，施工图纸是变电站施工的重要依据，而施工图纸的合理性及准确性，直接影响着变电站施工的顺利进行，也是影响变电站施工质量及施工安全的重要因素。因此，为了更好地控制变电站施工的质量及安全性，应在变电站施工前严格审查施工图纸，结合变电站施工的实际规划，全面分析施工图纸，避免施工图纸的设计存在不合理之处，以便为变电站施工的实际进行提供科学依据。对于变电站施工图纸的审查，应要求专业审查、管理、技术等人员共同参与对施工图纸的审查，结合对变电站施工条件及施工区域环境的全面分析，按照国家相关规定，合理设计变电站施工图纸，及时解决施工图纸存在的问题，以便为变电站施工提供保障，确保变电站施工的质量能够得到有效控制。

3. 变电站施工中的安全管理措施

（1）建立健全的施工管理制度

针对变电站施工的危险性，为了提高变电站施工的安全性，施工企业应基于变电站施工管理需求，建立健全的安全管理体系及相关的施工管理制度，依靠完善的制度，加强对施工技术操作规范性的管理，严格监管变电站施工的全过程，以便为变电站安全施工提供保障。基于此，在变电站施工管理过程中，相关工作人员应以安全管理为核心，要求项目经理作为变电站施工的核心责任人，承担变电站施工的重要责任。同时，施工企业应建立安全责任制，落实安全管理责任，要求管理人员与技术人员之间做好技术交底，并要求施工人员按照规范要求对先进施工技术和机械设备进行操作，按照准确顺利安装相应的施工设备，封闭管理危险性更高的现场施工区域，以便确保变电站施工现场的安全管理工作能够符合国家相关规定和要求，从而为变电站工程的安全施工提供保障。

（2）完善安全防护措施

必要的安全防护措施是保证变电站安全施工的基础条件。以前，因受资金不充足、管理观念落后等多方面因素的影响，变电站施工现场以及针对施工人员的安全防护措施不够完善，施工安全防护并未得到真正执行，导致变电站施工的危险性更高，无法为施工人员提供必要的安全保护，极易引发触电、烧伤等安全事故。鉴于此，为了保障变电站工程的安全施工，应对管理理念进行创新，完善变电站施工的相关安全防护措施，做好变电站施工的安全检查工作，加强对施工人员及管理人员的全面培训，增强施工现场作业人员的安全意识，以便确保变电站施工现场的安全防护工作能够符合相应规范标准，从而达到控制变电站施工安全性的目的。

三、变电站建设工程中的工序质量控制

1. 工序质量控制的概念

工序质量控制（Process Quality Control）也称为工序控制，是指工序满足设计、制造要求的实现程度。它是现代质量工程的一项重要内容。由于人、机、料、法、测、环等因素对产品质量的综合影响在方向、大小、强度上不一致，自然导致工序质量水平的不同，即工序满足制造要求的程度不同。从而，工序运动的输出结果——产品质量，必然产生优劣差异，最终导致企业质量信誉与质量效益的差异。因此，为了保证工序质量水平沿着人们的期望方向发展，处于人们期望的范围内，就必须对 5M1E 即操作者（Man）、机器（Machine）、材料（Material）、工艺方法（Method）、测试手段（Measure）和环境条件（Environment）等质量因素进行调查、研究、分析，从它们的交互影响的复杂机理中发现其规律，掌握其动态，衰减与抑制其对质量的不利作用，维持与强化其对质量的有利作用，这些活动的全体就称为工序控制。

工序控制的对象是工序的异常波动，工序控制的功能是为分析工序状态，维持工序状态稳定受控，为调整工序等提供质量信息。概括地说，工序控制就是通过监视与控制活动，保持工序状态经常处于期望水平的活动。其控制过程实际上是统计推断的过程，就是从工序随机取样，通过样本的质量特性值分布参数：x（均值），pn（不良品数），c（不合格品数）等等的状态来推断工序运动状态，检查出异常现象，进而实施改进的过程。

2. 质量控制点的设置

质量控制点设置的原则，是根据电力工程的重要程度，即质量特性值对整个工程质量的影响程度来确定。为此，在设置质量控制点时，首先要对施工的工程对象进行全面分析、比较，以明确质量控制点；尔后进一步分析所设置的质量控制点在施工中可能出现的质量问题，或造成质量隐患的原因，针对隐患的原因，相应地提出对策措施予以预防。由此可见，设置质量控制点，是对工程质量进行预控的有力措施。

质量控制点的涉及面较广，根据工程特点，视其重要性、复杂性、精确性、质量标准和要求，可能是结构复杂的某一工程项目，也可能是技术要求高、施工难度大的某一结构构件或分项、分部工程，也可能是影响质量关键的某一环节中的某一工序或若干工序。总之，无论是操作、材料、机械设备、施工顺序、技术参数、自然条件、工程环境等，均可作为质量控制点来设置，主要是视其对质量特征影响的大小及危害程度而定。

3. 变电站工程建设项目的工序质量控制分析

变电站工程建设项目工序质量控制的内容包括以下四个主要方面：

（1）对生产条件的控制。即对以上所述的 5M1E 等六大影响因素进行控制。也就是

149

要求工程建设项目的各部门提供并保持合乎标准的条件，同时要求每一道工序的操作者对规定的操作规程都必须严格执行，从而达到工序优化的目的。

以某变电站设备、材料交接、保管及开箱为例，设备材料到达现场后，一定要有专人负责接管，就近卸车，放置在场地平实可靠的地方，防潮设备，元件应有防雨、风、日晒的措施。对到达现在的设备、元件、材料记录、标示的型号、规格、数量应一一与施工图核对并对其外观认真检查。材料必须有材质证明并经核验合格后方可使用。设备开箱时，应再一次核对实物规格、型号、数量，对备品、备件、专用工具、说明书、合格证（产品试验报告）应与产品装箱清单、设计施工图一一对照清点。做好设备、材料交接及开箱记录，及时反馈交接，开箱后，发现问题，及时汇报，解决处理。

（2）对关键工序的控制。关键工序施工质量的好坏决定了整个建设项目的质量水平，因此对关键工序的施工质量进行控制尤其重要。实际生产过程中，并不是每个工序都设立质量监控点，质量监控点往往建立在形成产品主要特征和对产品质量有重大影响的关键工序上。对关键工序，除控制生产条件外，还要随时掌握工序质量变化趋势，采取各种措施使其始终处于良好的状态。

仍以某变电站为例，变电站工程包括高压配电室、低压配电室、控制室、变压器室等四个部分的电力设备安装工程。在变电站的施工工序中，主变压器的安装施工是工程项目的主要部分，结合主变压器施工实际，经项目有关工程技术人员分析后确定该系统安装流程图。

我们列举某些关键作业施工工艺如下：

1）芯部检查。

芯部检查的主要内容包括：

①所用螺栓应紧固，并有防松措施；绝缘螺栓应无损坏，防松绑扎完好；

②铁芯检查，铁芯检查主要包括铁芯应无变形，铁轭与夹件间的绝缘垫良好及铁芯应无多点接地；

③绕组检查；

④引出线绝缘包扎牢固，无破损，拧弯现象；

⑤引出线绝缘距离应合格，固定牢靠，其固定支架应紧固；

⑥引出线的裸露部分应无毛刺或尖角，其焊接应良好，引出线与套管的连接应牢固，接线正确；

⑦检查强管路与下轭绝缘接口部位的密封情况；

⑧检查各部位应无油泥、水滴和金属屑末等杂物。

2）高压套管 CT 安装。

高压套管 CT 安装主要包括 CT 安装和高压套管安装。其中① CT 安装时应先完成 CT的试验，CT 出线端子板应绝缘良好，其接线螺栓和固定件的垫块应紧固，端子板应密封良好，无渗油现象，CT 安装过程中应防止皮垫移位，法兰螺栓应均匀紧固，且 CT 铭牌位置面向油箱外侧；②高压套管安装时应先检查瓷套表面无裂缝、伤痕、套管，法兰颈部及均压球内壁清擦干净，充油套管无渗油现象，油位指示正常，高压套管穿缆的应力锥应进入套管的均压罩内，牵引引线的拉力不宜过大，防止损坏引线根部绝缘电缆不允许有拧动，打圈现象。其引出端头与套管顶部接线柱连接处应擦拭干净，接触紧密，套管顶部结构的密封垫应安装正确，密封良好，连接引线时，不应使顶部结构松口，充油套管的油标应面向外侧，套管末屏应接地良好。

3）油枕安装。

胶囊在安装前必须检漏，安装时应沿其长度方向与油枕的长轴保持平行，不得扭偏，胶囊的密封必须良好，呼吸应通畅。隔膜袋很容易出现假油位，安装前应先给隔膜袋充油，并不断地揉搓，使其中的气体从上部排出，直至油位表的起始位置，如无变化，则可以吊装；吊装油枕时，应时油管与变压器有 2%~4% 的升高坡度。

4）变压器抽真空。

变压器抽真空的主要施工工艺为：

①施工人员必须将真空下不能承受机械力的附件与油箱隔离，如散热器，油枕等；

②抽真空时应分步进行，首次抽 0.04Mpa 时停止，观察 1h，若无变化，则继续进行。第二次抽到 0.06Mpa，再观察 1h，如不变，再抽到 0.10lMpa，保持 24h，真空应保持在 0.101Mpa；

③抽真空时应在变压器四周设 4~8 处观察点，以便随时观测箱壁变形量，其油箱最大允许变形不超过壁厚的 2 倍。

5）真空注油。

由变压器下部注入，注油速度为 100L/mm，注油至距油箱顶大约 200mm 处，此时破真空，瓦斯及净油器阀门打开，补油，使油从油枕上方溢出为止，变压器各处排气，放油至当时温度油位。

（3）对计量和测试条件的控制。计量测试条件关系到质量数据的准备性，必须加以严格控制，要规定严格的检定制度，编制周期送检计划，计量器具应有明显的合格标志，超期未检定或检定不合格者应挂禁用牌。

（4）对不良品的控制。不良品的控制应由质量管理部门负责，而不能由检验部门负责。质量管理部门除负责对不良品进行管理之外，还应掌握质量信息，以便进行预防性控制，确保工序投入品的质量，避免系统性因素变异发生，保证每道工序质量正常、稳定。

第三节　智能变电站关键技术研究

一、智能变电站的特征

根据《智能变电站技术导则》的定义，智能变电站是采用先进、可靠、集成、低碳、环保的设备组合而成，以全站信息数字化、通信平台网络化、信息共享标准化为基本要求，自动完成信息采集、测量、控制、保护、计量和监测等基本功能，并可根据需要支持电网实时自动控制、智能调节、在线分析决策、协同互动等高级应用功能的变电站。

智能变电站的特点首先是具有高度的可靠性，高度的可靠性是智能变电站应用于智能电网的最基本、最重要的要求。高度的可靠性不仅意味着站内设备和变电站本身具有高可靠性，而且要求变电站本身具有自诊断和自治功能，能够对设备故障提早预防、预警，并在故障发生的第一时间内对其做出快速反应，将设备故障带来的供电损失降低到最低程度。

其次，智能变电站具有很强的交互性。智能变电站必须向智能电网提供可靠、充分、准确、实时、安全的信息。为了满足智能电网运行、控制的要求，智能变电站所采集的各种信息不仅要求能够实现站内共享，而且要求实现与电网内其他高级应用系统相关对象之间的互动，为各级电网的安全稳定经济运行提供基本信息保障。

第三，智能变电站具有高集成度的特点。智能变电站将现代通信技术、现代网络技术、计算机技术、传感测量技术、控制技术、电力电子技术等诸多先进技术和原有的变电站技术进行高度的融合，并且兼容了微网和虚拟电厂技术，简化了变电站的数据采集模式，形成了统一的电网信息支撑平台，从而为实现电网的实时控制、智能调节、在线分析决策等各类高级应用提供了信息支持。

最后，智能变电站还应具有低碳、环保的特点。智能变电站内部使用光纤代替了传统的电缆接线；集成度高且功耗低的电子元件广泛应用于变电站内各种电子设备；采用电子式互感器代替粗重的传统充油式互感器。这些不但节省了资源消耗，降低了变电站的建设成本，而且减少了变电站内部的电磁污染、噪声、辐射和电磁干扰，净化了变电站内部的电磁环境，优化了变电站的性能，使智能变电站更加符合环境保护的要求。

二、智能变电站关键技术

与已有的变电站形态相比，智能化变电站可以将先进的现代科学技术融入变电站自动化系统的应用中，通过对变电站内各种实时状态信息的获取和共享，高度集成了变电站内的各种功能，实现各种功能的灵活分布和重构。智能变电站中所应用到的各种先进技术不仅改变了变电站的传统架构，加强了变电站与电网内其他设备之间的信息交互共享，而且更好地实现了分层分布的控制管理方式，优化了站内的资源，进一步提高了变电站运行的可靠性和安全性。

现有的变电站技术并不能完全满足实现智能变电站的要求，各种技术之间的专业壁垒严重阻碍了智能变电站关键技术的发展。必须打破专业上的限制，才能更好地深入了解智能变电站关键技术的内涵并扩展其外延，以实现智能变电站设备信息数字化、功能集成化、结构紧凑化、检修状态化的发展要求。

1. 硬件的集成技术

传统变电站中信息的采集和处理过程是通过中央处理器与外围芯片或设备的配合来完成的，大量数据计算和逻辑分析过程以及一些高级应用功能的实现都集中于中央处理器中，中央处理器性能的高低决定了各种功能实现的速度与质量，这里使用的中央处理器可以是 DSP（Digital Signal Processing），ARM（Advanced RISC Machines）或 CPU（Central Processing Unit）等。这种设计的弊端在于一方面中央处理器本身集成的资源有限，不能满足智能变电站不断增加的实时处理信息的需要，从而成为智能变电站技术发展的瓶颈；另一方面，处理器本身所集成的很多其他的硬件资源因不能满足智能变电站的需要而被闲置，造成了资源浪费。另外，嵌入式系统中操作系统的删减是一项很烦琐的工作，而操作系统的复杂性也增加了系统测试的难度和出错的概率。

随着现代电子学的发展，硬件描述语言的出现使得硬件系统的设计表现出模型化、集成化、自动化的特点。这些特点使得硬件设计实现了真正的针对功能的模块化设计，可以将某些固定的逻辑处理过程在智能设备内部进行固化，将原来由某些软件实现的功能转化为硬件实现。这种设计既保证了逻辑处理的实时性、可靠性和准确性，解决了信息传输时的瓶颈问题；又节省了硬件资源的开销，提高了设备的集成度；另外，模块化的设计也便于智能设备的检修更换和升级。

硬件的集成技术在智能变电站内的应用将会打破传统变电站设备的硬件设计理念，改变变电站硬件设备的布置格局，从而翻开变电站硬件设备设计新的一页。

2. 软件的构件技术

智能变电站内的软件系统不仅能够实现传统的测控、信息管理等功能，而且还要将PMU（相量测量单元）、录波等功能进行集成，实现站内状态估计、区域集控、在线状态监测、远程维护、电能质量评估以及智能管理等高级功能，并且能够根据工程配置文件生成系统工程数据，实现变电站系统和设备系统模型的自动重构等功能。要实现上述功能，软件的构件技术的应用必不可少。

软件构件是指具有一定功能、能够独立工作或同其他构件装配起来协调工作的程序体。软件构件技术的实质是在不同粒度上对一组代码或类等进行组合和封装，以完成一个或多个功能的特定服务，进而为用户提供接口。构件技术的核心思想是分而治之，构件技术将系统的抽象程度提高到一个比面向对象技术更高的层次。软件复用技术是实现构件技术的重要手段，如何提取可复用构件以及如何组装成系统并能实现互操作是构件技术所面临的关键问题。

软件构件技术是灵活、弹性、实时的软件系统实现的重要基础，也是嵌入式系统软件设计实现功能集成的重要手段。软件构件技术的成熟应用必须依赖于良好的软件结构体系。目前，要实现各种高级应用功能在智能变电站内的有效集成以及灵活配置和重构，在软件技术方面所要解决的问题还有很多。如：软件体系结构，构件模型，构件接口，构件粒度，构件的获取、管理、组装与部署等诸多问题。软件构件技术在智能变电站中的应用反映在嵌入式软件系统设计、多代理技术等相关技术的应用中。

软件构件技术在智能变电站内的应用不仅可以减少智能变电站在功能软件的集成和开发活动中大量的重复性劳动，提高变电站软件的效率和灵活度，降低开发成本，缩短开发周期；而且能够加强系统功能间的互操作性，使系统功能在变电站内能够灵活分布，从而提高了系统的可靠性和自愈性。

3. 信息的管理存储技术

智能变电站采用具有自恢复能力的高速局域网构建全站统一的数字化信息平台，信息平台应具有自愈性故障恢复机制，有效保证智能变电站采集信息的服务质量。统一的数字化信息平台的构建体现了智能变电站信息集中管理的设计思想，信息的集中管理不仅为实现各种信息模型的集成、转换、调用和冗余等功能提供了方便，而且为一些简单的调度功能向变电站系统的下放提供了基础信息支撑和技术实现支撑。

高度集成的信息系统和统一的数字化信息平台不仅为智能变电站提供了很好的扩展性与经济性，也为信息资源的共享、动态扩展、分配提供了平台。但是，海量信息的采集也为信息的实时传输带来了困难。以太网的发展远未能满足智能变电站对海量信息的通信需要，因此，信息分优先级传输与信息就地存储显得尤为重要。信息优先级可以保证关键信息实时、准确、可靠地传输，而非关键信息的就地存储不但减少了传输网络负荷程度，而且可以为系统决策提供充分的信息依据。虚拟化的技术可以将变电站的底层硬件和网络设备虚拟成一个共享的资源库，就地存储的信息可以在库内按需分配调用。

信息优先级传输与信息就地存储技术的本质是将信息按不同粒度细化，以实现信息的分层分布调用，从而保证信息传输的准确性与可靠性。另一方面，随着智能电网的建设和发展，电力系统信息安全与防护成为一重要课题被提上日程。信息的分层管理可对信息进行分析、评估，并依据信息的不同等级设计信息安全策略，从而提高了网络信息系统的安全性，最大限度地保证各级电网的信息安全和信息权限。

4. 标准的融合

智能电网内信息的数量和种类很多，采集渠道复杂。由于智能电网对于信息采集的设计理念的不同、算法的不同、模型的不同，导致网络内的信息差异巨大，难以充分交互利用。为了实现与智能电网的无缝通信连接，智能变电站内各种信息模型之间的转换与映射不可避免，这里就要进行标准融合。

信息模型的标准化、规范化和体系化是标准融合技术的基础。要实现信息模型的标准化和规范化，首先要有开放的通信架构，使元件之间的信息能够进行网络化的通信；其次要进一步细化信息模型，对模型的扩充及扩充原则做出标准化规定；最后要统一技术标准，形成一个多功能的多规约库，以实现各种应用系统之间的无缝通信。

目前，已发布的标准如IEC61850、IEC61970、IEC61968等在一定程度上促进了变电站信息标准化、规范化的进程，促进了与电网内各种应用系统之间的通信应用。其中，IEC61850是全面规范智能化变电站自动化通信体系的最新国际电工委员会标准，是变电站内部的统一规约。最新颁布的标准内不仅涉及变电站内部的通信模型，而且其信息模型的覆盖范围已经扩展至变电站以外的所有公用电力应用领域，向成为电力自动化的通信网络系统内的通用标准又迈进了更大的一步。

5. 分布式电源的保护控制技术

分布式电源的接入提高了智能电网的灵活性、效率和安全性，改变了配电系统单向潮流的特点，使传统的单电源辐射网络变成了一个多源网络。这使得智能变电站内保护设备之间建立起来的配合关系被打破，保护的动作行为和动作性能都将会受到较大的影响。针对大容量的分布式电源接入智能电网的保护算法的研究也是智能变电站继电保护的关键内容。

分布式能源作为一个独立的整体模块，既可以孤网运行，也可以在大电网上并网运行。分布式能源在接入系统时对电网的频率、无功以及电压稳定的影响是不容忽视的。因此，如何保证在任何工况下继电保护系统都能对分布式电源故障做出及时响应，同时在并网运行的情况下继电保护系统还具有快速感知大电网故障的能力并保证保护的选择性、快速性、灵敏性和可靠性，这是智能变电站继电保护的难点课题。

分布式能源的保护系统完全不同于常规变电站的保护控制策略。分布式能源的保护策略主要是针对分布式电源双向潮流流通、电源内部电力电子设备大量引入的特点，通过阻抗前馈和负荷模型反馈等算法来制定的保护控制策略。保护策略包括全线速动保护、低压保护、反孤岛、高频切机和低频减载等特殊保护功能，保护策略制定的关键问题在于保护定值与主网架保护定值之间的配合。分布式能源的控制策略制定的主要问题在于并网控制，其并网后会改变主网架的供电格局，使系统的不稳定因素增加。因此，必须采用自动同期控制以及重合闸控制配合的控制方式。

三、智能变电站的构建

1.体系架构

与传统变电站的体系架构相比,智能变电站的体系架构结构紧凑、功能完善,更加符合变电站技术今后的发展趋势。

智能变电站将传统一次、二次设备进行融合,由高压设备和智能组件构成其设备层,完成变电站内的测量、控制、保护、检测、计量等相关功能。设备层的设备采用高度集成的模块化硬件设计方式,很大程度上改变了变电站内信息采集、共享的模式。分散控制的设计思路保证了设备内各模块相互之间具有独立性,既可以分工合作,也可以独立完成一项功能,从而从最大程度上保证了硬件系统的可靠性。

智能变电站的系统层不仅担负着协同、控制和监视着变电站内多种设备及与智能电网的通信任务,而且还具有站域控制、智能告警、分析决策等高级应用功能。系统层采用软件构件技术,使得各种功能可以根据变电站的实际规模进行灵活配置,并可进行功能的重新分配和重构。

智能变电站紧凑的系统架构使得变电站在电气量的数据采集及传输环节、变电站设备之间信息的交互模式、变电站信息冗余方式、变电站内各种功能的分布合理性以及功能集成等方面,均发生了巨大的变化。通过硬件集成和组件技术以及嵌入式系统软件构件技术的应用,智能变电站构造了灵活、安全、可靠的变电站功能体系,该体系的应用提高了电站自动化系统整体数字化、信息化的程度,实现了变电站与智能电网之间的无缝通信,加强了站内自动化设备之间的集成应用和自身协调的能力,简化了系统的维护和配置复杂度,节省了工程实施的开支,使变电站自动化系统进入了一个全新的发展阶段。

2.智能设备

智能设备的概念是为了适应智能电网建设的需求而提出的,是满足智能电网一体化要求的技术基础。智能设备取消了传统一次、二次设备的划分,不但对传统变电站过程层和间隔层设备所具有的部分功能进行了集成,而且还能够利用实时状态监测手段、可靠的评价手段和寿命的预测手段在线判断智能设备的运行状态,根据分析诊断结果识别故障的早期征兆,并视情况对其进行在线处理维修等。

高压设备与相关智能组件的有机结合构成了智能设备。这种有机结合指的是多个高压设备与外置或内嵌智能组件的多种组合方式。智能组件是一个相对于变电站功能的灵活概念,可以由一个物理组件完成多个变电站功能,也可以由多个物理组件分散配合完成一个变电站功能。

智能设备的设计和应用使得变电站内一次设备的运行状态可被实时地监视和评估,为科学的调度系统提供了可靠的依据;对一次设备故障类型及其寿命的快速有效的判断和评估为在线指导运行和检修提供了技术保证。智能设备的投入还可以降低变电站运行的管理成本，减少新生隐患产生的概率，以增强电力系统运行的可靠性。智能设备内部功能配合的灵活性也满足了大规模分布式电源并网运行的需要。

3. 保护控制策略

传统的继电保护以"事先制定、实时动作、定期检验"为特征，这种保护控制策略越来越难以满足参数状态在不断变化的智能电网的要求。尤其是分布式能源的接入，动态改变了电力系统的运行方式和运行状态，传统保护控制方式很难适应这种多变的运行状态。为了解决这些问题，智能变电站必须采用开放的保护控制策略。

开放的保护控制策略指的是保护控制策略不再事先固定，而是根据一定的原则随着电网运行参数的变化，动态调整保护控制策略，以满足智能电网在不同状态下的安全运行需求。开放的保护控制策略的制定需要针对不同粒度的控制系统来完成，策略的制定和执行客观上在智能变电站内部形成了一个分层分布式的控制系统。分层分布式的控制系统与分层分布的信息系统相对应，在不同层次上控制协调变电站系统运行，提高对变电站系统内故障与扰动的快速反应和决策能力，分散由控制所带来的系统风险。

开放的保护控制策略包括在线自适应整定定值；在线计算与保护性能有关的系统参数和相关指数；实时判断系统运行状态，调整保护动作方式；在信息共享的基础上自动协调区域内继电保护控制策略，保证系统内保护定值相互配置关系的合理性，保证智能电网运行的可靠性；在线校核系统内的实时数据等。

高度的信息共享和统一的数字信息平台为开放的保护控制策略提供了制定和实施的依据，现代控制理论的发展与先进的网络计算方法的应用为开放的保护控制策略的制定和实施提供了理论背景。开放的保护控制策略的制定和研究应是未来智能变电站提高其自动化水平的关键，是智能变电站实现其本身自愈性的关键技术，也是智能电网实现自愈性的控制保证。

4. 测试仿真

智能变电站内的大多数自动化功能都需要通过网络传输的方式来实现，这就对变电站内的调试和运行检测设备提出了新要求，需要研究新的试验方式、手段，制定智能变电站技术相关试验及检测标准等。智能变电站的测试活动应贯穿于变电站开发的整个生命周期内。

智能变电站的测试包括系统测试和设备测试两个方面，系统测试主要是对监控系统、通信网络系统、对时系统、远动系统、保护信息管理系统、电能量信息管理系统、网络记录分析系统、不间断电源系统等了系统的测试；设备测试主要是对测量、控制、保护、检测、计量等相关功能的测试。

为了准确把握智能变电站的运行、维护需求，需要建立有效的检测和评估体系。智能变电站的测试活动是面向功能的一种测试，测试系统不仅包括调试工具，还包括相应的配置文件以及与之联系的软件辅助系统，以便于测试的过程和结果能够被记录和分析。智能变电站的测试需要从设备单元、系统集成、总体性能三个方面综合考虑，进而对智能变电站做出有效的整体评价。

智能变电站的测试过程可以分为单元测试、集成测试和系统测试三个步骤来完成。单元测试主要是测试系统内最基本的功能单元的特性是否满足要求，以及通信接口模块之间的信息交互是否正常。集成测试也就是一致性测试，主要关注的是物理设备作为系统构成单元其通信行为是否符合标准中定义的互操作性规格要求，以及按标准设计的变电站其通信网络能否满足实现变电站自动化功能所期望的性能要求。系统测试即互操作性测试，关注的是设备间是否可以用通用的协议通过公共的总线相连，单一设备是否可理解其他设备提供的信息内容，以及各设备是否可以组合起来协调完成变电站的自动化功能。系统测试验证了被测试设备是否具有互操作能力，以及设备集成到变电站后是否真正实现了无缝连接。

5. 信息安全策略

信息安全问题是智能电网安全的核心问题之一，智能变电站作为智能电网的重要组成部分，其自身的信息安全与防护面临着来自多方面的严峻考验。对智能变电站内部以及其与电网内交互信息进行全面、系统的安全防护，利用有效的信息安全防护方法和策略消除安全隐患，合理规避信息安全风险，是保证智能变电站乃至智能电网安全稳定运行的关键问题之一。

智能变电站内部大量应用网络技术传输信息，其信息安全防御的策略的制定是一个系统性的问题，仅凭借单一的防御手段是不能有效解决问题的。因此，智能变电站需要构建一个以评估为基础，以策略为核心，以防护、监测、响应和恢复为技术手段和工具，以安全管理为落实手段的动态的多层次的网络安全架构，用来确保变电站内信息以及各种资源的实时性、可靠性、保密性、完整性、可用性等。

随着智能变电站内信息集成度的进一步提高，实现对变电站网络通信质量的实时监控和维护，并对网络内传输的信息进行保护，防止来自网内外的恶意攻击和窃取，及时响应网络故障并快速恢复网络设备等技术手段已经成为可能。除此之外，网络防火墙技术、加密技术、权限管理和存取控制技术、冗余和备份技术等计算机网络安全技术的发展也为电力系统信息安全防护策略带来了新的发展思路。

第六章　智能控制技术

第一节　专家控制

专家控制系统是专家系统家族中的重要一员，它的任务是要自适应的管理一个课题或过程的全面行为。专家控制系统能够解释控制系统的当前状况，预测过程的未来行为，诊断可能发生的问题，不断修正和执行控制计划。也就是说，专家控制系统具有解释、预报、诊断、规划和执行等功能。它已广泛应用于故障诊断、工业设计和过程控制，为解决工业控制难题提供了一种新方法，是实现工业过程控制的重要技术。

专家控制的形式有二，即专家控制系统和专家式控制器。前者结构复杂，研制代价高，因而目前应用较少。后者结构简单，研制代价明显低于前者，性能又能满足工业过程的一般要求，因而获得日益广泛的应用。

一、专家控制系统的基本概念

1. 专家控制系统的概述

专家控制（EC）是指将人工智能领域的专家系统理论和技术与控制理论方法和技术相结合，仿效专家智能，实现对较为复杂问题的控制。基于专家控制原理所设计的系统称为专家控制系统（ECS）。20 世纪 80 年代初，自动控制领域的学者和工程师为了解决经典控制系统所面临的无法建模等难题，开始把专家系统的思想和方法引入控制系统的研究及其工程应用，从而导致了专家控制系统的诞生。专家控制作为智能控制的一个重要分支，最早由海斯 - 罗思（Hayes Roth）等在 1983 年提出。他们指出：专家控制系统的全部行为能被自适应支配，为此该控制系统必须能够重复解释当前状况，预测未来行为，诊断出现问题的原因，制订补救（较正）规划，并监控规划的执行，确保成功。研究专家控制系统的突出代表首推瑞典学者 K.J.Astrom，他于 1983 年发表 "Im-plementation of an Autotuner Using Expert System Ideas" 一文，明确建立了将专家系统引入自动控制的思想，随后开展了原型系统的实验。1986 年，他在另一篇论文 "ExpertControl" 中以实例说明智能控制，正式提出了 "专家控制" 的概念，标志着 "专家控制" 作为一个学科的正式创立。

专家控制系统作为一个人工智能和控制理论的交叉学科，即是人工智能领域专家系统（ES）的一个典型应用，也是智能控制理论的一个分支。专家控制既可包括高层控制（决策与规划），又可涉及低层控制（动作与实现）。

2. 专家控制系统的基本结构

人工智能领域中发展起来的专家系统是一种基于知识的、智能的计算机程序。其内部含有大量的特定领域中专家水平的知识与经验，能够利用人类专家的知识和解决问题的经验方法来处理该领域的高水平难题。将专家系统技术引入控制领域，首先必须把控制系统看作是一个基于知识的系统，而作为系统核心部件的控制器则要体现知识推理的机制和结构。虽然因应用场合和控制要求的不同，专家控制系统的结构可能不一样，但是几乎所有的专家控制系统都包含知识库、推理机、控制规则集合控制算法等。

与专家系统相似，整个控制问题领域的知识库和一个体现知识决策的推理机构成了专家控制系统的主体。知识库内部的组织结构可采用人工智能中知识表示的合适方法。其中，一部分知识可称为数据，例如先验知识、动态信息、由事实及证据推得的中间状态和性能目标等。数据常常用一种框架结构组织在一起，形成数据库。另一部分知识可称为规则，即定性的推理知识，每条规则都代表着与受控系统有关的经验知识，它们往往以产生式规则（if……then……）表示。所有的规则组成规则库。在专家控制系统中，定量知识，即各种有关的解析算法，一般都独立编码，按常规的程序设计方法组织。推理机的基本功能在于按某种控制策略，针对当前的问题信息，识别和选取知识库中对解决当前问题有用的知识进行推理，直至最终得出问题的推理结果。

3. 专家控制系统与专家系统的区别

（1）专家系统只对专门领域的问题完成咨询作用，协助用户进行工作。专家系统的推理是以知识为基础的，其推理结果为知识项、新知识项或对原知识项的变更知识项。然而，专家控制系统需要独立和自动地对控制作用做出决策，其推理结果可为变更的知识项，或且为启动（执行）某些解析算法。

（2）专家系统通常以离线方式工作，而专家控制系统需要获取在线动态信息，并对系统进行实时控制。实时要求遇到下列一些难题：非单调推理、异步事件、基于时间的推理以及其他实时问题。

二、专家控制系统的优势

1. 灵活性：知识与推理机构彼此既有联系又相互独立，使专家系统具有良好的可维护性和可扩展性。

2. 优良的控制性能及抗干扰性：工业控制的被控对象特性复杂，如非线性、时变性、强干扰等。专家控制系统具有很强的应变能力，即自适应和学习能力，以保证在复杂多变的各种不确定因素存在的不利环境下，获得优良的控制性能。

3. 高可靠性及长期运行连续性：专家控制系统可增强正确决策的信心．这是通过向专家提供一个辅助观点而得到的；此外，专家系统还可协调多个专家的不同意见。不过，如果专家控制系统是由某一个专家编程设计的，那这个方法就不能奏效。如果专家没有犯错误的话，专家系统应该始终与专家意见一致。但是，如果专家很累或有压力就可能会犯错误。专家控制系统往往能够数十甚至数百小时连续运行。

4. 鲁棒性：通过利用专家规则，系统可以在非线性、大偏差下可靠地工作。

5. 在线控制的实时性：对于设计用于工业过程的专家式控制系统，这一优势必不可少。专家式控制系统知识数据库的规模适中，推理机构较为简单，能够满足工业过程的实时性。

6. 拟人化：专家控制系统在一定程度上模拟人的思维活动规律，能进行自动推理，善于应付各种变化。

7. 维护方便性：在系统出现故障或异常情况时，系统本身能够采取相应措施或要求引入必要的人工干预。

三、专家控制系统的发展趋势

1. 研究现状

在智能控制领域中，专家系统控制、神经网络控制、模糊逻辑控制等方法各自有着不同的优势及适用领域。因而将几种方法相融合，成为设计更高智能的控制系统的可取方案。而通过引进其他智能方法来实现更有效的专家控制系统业已成为近年来研究的热点。根据它们结合的方式，专家控制系统可以分为以下三种。

（1）一般控制理论知识和经验知识相结合

基于一般控制理论知识（解析算法）和经验知识（专家系统）的结合，扩展了传统控制算法的范围。这种控制方法是以应用专家知识、知识模型、知识库、知识推理、控制决策和控制策略等技术为基础的，知识模型与常规数学模型相结合，知识信息处理技术与控制技术的结合，模拟人的智能行为等。此方法能够解决时变大规模系统和复杂系统以及非线性和多扰动实时控制过程的控制问题。

（2）模糊逻辑与专家控制相结合

将模糊集和模糊推理引入专家控制系统中，就产生了基于模糊规则的专家控制系统，也称模糊专家控制系统（FEC）。它运用模糊逻辑和人的经验知识及求解控制问题时的启发式规则来构造控制策略。对于难以用准确的数字模型描述，也难以完全依靠确定性数据进行控制的情况，可使用模糊语言变量来表示规则，并进行模糊推理，更能模拟操作人员凭经验和直觉对受控过程进行的手动控制，从而具有更高的智能。

与模糊控制（FLC）相比，模糊专家控制系统有更高的智能：它拥有关于过程控制的更复杂的知识，能以更复杂的方式利用这些知识。模糊集仍被用于模拟不确定性，但模糊专家控制系统在范围上更具一般性，能处理广泛种类的问题。

（3）神经网络与专家控制相结合

将神经网络和专家系统技术结合起来，即神经网络专家系统的研究已经起步。神经网络基于数值和算法，而专家系统则基于符号和启发式推理。神经网络具有联想、容错、记忆、自适应、自学习和并行处理等优点；不足之处是不能对自身的推理方法进行解释，对未在训练样本中出现过的故障不能给出正确的诊断结论。专家系统具有显式的知识表达形式，知识容易维护，能对推理行为进行解释，并可利用深层知识来诊断新故障；缺点是不能从经验中进行学习，当知识库庞大时难以维护，在进行深层诊断时需要过多的计算时间。因此，将神经网络和专家系统结合起来，充分发挥专家系统"高层"推理的优势和神经网络"低层"处理的长处，可以收到更好的控制效果。

2. 问题及发展方向

（1）面临的主要问题

对于各类专家控制系统，它们要共同面对下列发展中的难点和挑战。

1）专家经验知识的获取问题。如何获取专家知识，并将知识构造成可用的形式（即知识表示），成为研究专家系统的主要"瓶颈"之一。

2）知识库的自动更新与规则自动生成。受知识获取方法的限制，专家控制系统不可能具有控制专家的全部知识。专家控制系统应能通过在线获取的信息以及人机接口不断学习新的知识，更新知识库的内容，根据出现的新情况自动产生出新规则。否则，当系统出现超出专家系统知识范围的异常情况时，系统就可能出现失控。

3）专家控制系统需要建立实时操作知识库，以解决结构的复杂性、功能的完备性与控制的实时性之间的矛盾。实时性涉及的难题有：非单调推理、异步事件、按时间推理、推理时间约束等。

4）专家控制系统的稳定性分析是另一个研究难题。由于涉及的对象具有不确定性或非线性，它实现的控制基于知识模型，采用启发式逻辑和模糊逻辑，专家控制系统的本质也是非线性的，因此目前的稳定性分析方法很难直接用于专家控制系统。

5）如何实现数据和信息的并行处理，如何设计系统的解释机构，如何建立良好的用户接口等都是专家系统有待解决的问题。

（2）发展方向

针对上述存在的问题，研究人员正积极寻求解决问题之道，并逐步形成了以下专家控制系统的发展方向。

1）由基于规则的专家控制系统到基于模型的专家控制系统。

2）由领域专家工程师提供知识到机器学习和专家知识相结合的专家控制系统。

3）由非实时诊断系统到实时诊断系统。

4）由单机诊断系统到基于物联网的分布式全系统诊断专家系统。

5）由单一推理控制策略专家系统到混合推理、不确定性推理控制策略专家系统。

6）能够进行并行分布处理。

总之，对于各类专家控制系统，实时性、学习问题和人—机协作是当前所要研究的共同问题。

第二节　模糊控制

模糊控制（fuzzy control）是以模糊集理论、模糊语言变量和模糊控制逻辑推理为基础的一种智能控制方法，从行为上模拟人的思维方式，对难建模的对象实施模糊推理和决策的一种控制方法。模糊控制作为智能领域中最具有实际意义的一种控制方法，已经在工业控制领域、电力系统、家用电器自动化等领域中解决了很多的问题。

一、模糊控制的原理

1.模糊概念

在我们生活的世界中，有许多东西的分类边界是不能够明确的划分的。如人的老幼年龄划分，气温对人体的舒适程度的划分，这些都是难以用一个明确的数字来划分的。我们为了用数字方法来描述这类概念，引入了模糊集合这个概念。模糊集是一种边界不能明确划分的集合，模糊集与普通级既有相同的地方也有不同的地方。对于普通集合来说，任何一个元素要么属于这个集合要么不属于这个集合，这就明确地划分了界限。但是对于模糊集合，一个元素就可以属于这个集合也可以属于另一个集合，这就不能明确划分边界。模糊集的基本思想是把经典集合中的绝对的隶属关系进行模糊化，这就是把一个元素 a 对于集合 X 的隶属度不再局限于 0 或者 1，是可以取 0 到 1 之间的任意一个值，这个数值反映了元素 a 隶属于集合 X 的程度。

（1）模糊集的表示

模糊集合通常有三种表示方法：

1）扎德表示法

如果 X 是有限集合或者可数集，那么 A 可以表示为：

$$A = \sum_{x_i}^{n} \frac{uA}{x_i}, (x_i \in X)$$

如果 X 是无限不可数集，那么 A 可以表示为：

$$A = \int_X \frac{uA(x)}{x}$$

2）向量表示法

$$X = \{x_1, x_2, \cdots\cdots, x_n\}$$

$$A = [u_A(x_1), u_A(x_2), \cdots\cdots, u_A(x_n)]$$

3）序偶表示法

$$A = \{x, u_A(x) \,|\, x \in X\}$$

（2）模糊规则

在模糊推理系统工程中，模糊规则是用人类语言来表示人类的经验和知识。

模糊规则的建立方法：

1）总结操作人员和专家的经验知识。操作人员是长期从事生产的操作，他们累积了大量的生产经验，这些经验都是没有明确的界限都是具有模糊的特性。总结这些经验对模糊规则的建立有很大的作用。

2）基于过程的模糊模型。模糊模型的定义是在被控过程中的动态特性用模糊模型的方式来描述。基于模糊模型可以建立一个模糊控制规则让被控过程获得预定目标的特性。

3）基于学习的方法。当被控过程存在变化或者很难直接构建模型时，就可以设计具有自主学习能力的模糊控制器来获得想要的模糊规则。

（3）模糊推理

模糊推理有 5 个过程：

1）把采集到的输入量（清晰量）转为需要的变量（模糊量）。

2）在模糊规则的前件中应用模糊算子。

3）根据模糊蕴含元算由前提推断结论。

4）合成每一个规则的结论部分，得出总的结论。

5）把最终的结果（模糊量）转化为确定的输出（清晰量）。

2. 模糊控制系统的结构和组成

模糊控制系统主要由执行机构、模糊控制器、数\模转换和测量装置这四个部分组成。

1）执行机构

它包括了电气执行机构、气动执行机构和液压执行机构。

2）模糊控制器

模糊控制系统最主要的部分。

3）数—模转换

在实际系统中，被控对象的控制量和观测状态量一般是模拟量，因此模糊控制系统必须要有模/数（（A/D）、数/模（D/A）转换单元。不同的是有"模糊化"与"清晰化"的环节。

4）测量装置

测量装置的作用是把被控对象的各类非电量的信号转化为电信号的仪器。一般是用数字或者模拟传感器来组成。

（1）模糊控制器的组成

模糊控制器是模糊控制系统最重要的组成部分，其主要由模糊化、知识库、模糊推理和清晰化这四部分来组成。

1）模糊化。模糊化的功能是把输入的精确量变成模糊量。

2）知识库。知识库一般是由数据库和模糊控制规则库构成。

3）模糊推理。模糊控制器中最主要的部分是模糊推理，前而已经详细介绍了模糊推理的过程。

4）清晰化。清晰化的功能是将最后的结果（模糊量）转变为用于控制的清晰量。

（2）模糊控制器的结构

在模糊控制系统中，通常将具有一个输入变量和一个输出变量的系统称为单变量模糊控制系统。我们一般把具有单个变量的模糊控制器它的输入量的个数叫作控制器的维数，维数越多所得到的结果会越准确，因为这样会增加设计的难度，所以一般是采用二维的模糊控制器。

二维模糊控制器的两个输入变量基本上都选用受控变量与输入给定量之间的偏差和偏差变化。因为它们能够较准确地表示出受控过程中输出变量的动态特性，所以控制达到的目的要比一维模糊控制器要好，因此二维模糊控制器是现在工业生产中应用最广泛的。

（3）模糊控制器的建立方法。

1）确定输入和输出量的个数。

2）建立隶属度函数。

3）输入模糊规则。

二、模糊控制的应用

1.模糊控制与神经网络（NN）的结合

神经网络是由大量的简单处理单元构成的非线性动力系统，能映射任意函数关系，且具有学习性，能处理不完整、不精确的、非常模糊的信息。模糊控制和神经网络之间具有很强的互补性，一方面对神经网络来说知识抽取和知识表达比较困难，而模糊信息处理方法对此却很有效；另一面，模糊模式很难从样本中直接学习规则，且在模糊推理过程中会增加模糊性，但神经网络能进行有效地学习，并且采用联想记忆而降低模糊摘。由此可见，神经网络适合于处理非结构化信息，而模糊模式对处理结构化的知识更有效。模糊控制与神经网络的融合系统是一种自适应模糊控制系统。目前，实现模糊控制的神经网络从结构上看主要有两类，其一是在神经网络结构中引入模糊模式，使其具有处理模糊信息的能力，如把神经元中的加权求和运算转变为"并"和"交"等形式的模糊逻辑运算以构成模糊神经元；其二是直接利用神经网络的学习功能及映射能力，去等效模糊控制中的模糊功能块，如模糊化、模糊推理、反模糊化等，目前研究应用最为广泛的 ANFIS 模糊神经网络就属于这一类。ANFIS 网络一般由五层前向网络组成，每层都有明确的含义，第一层为输入层；第二层计算隶属度函数；第三层计算每条规则的使用度；第四层进行归一化计算；第五层实现清晰化即解模糊化。ANFIS 网络所包含的信息能够清晰地获得，克服了 BP 网络黑箱型操作的不足。

采用神经元网络实现的模糊控制，对于知识的表达并不是通过显式的一条条规则，而是把这些规则隐含地分布在整个网络之中。在控制应用中不必进行复杂费时的规则搜索、推理，而只需通过高速并行分布计算就可产生输出结果，这在某种意义上与人的思维更为接近。

2. 模糊控制与遗传算法（GA）的结合

遗传算法是一种借鉴生物界自然选择和自然遗传机制的随机化搜索算法，由美国 Michigan 大学的 Holland 教授首先提出。选择、交叉和变异是遗传算法的三个主要操作算子，它们构成了所谓的遗传操作。遗传算法主要特点是群体搜索策略和群体中个体之间的信息交换，搜索不依赖于梯度信息，这使得它可以高效率地发现全局最优解或接近最优解，并避免陷入局部最优解，而且对问题的初始条件要求较少。

目前利用遗传算法优化模糊控制器时，优化的主要对象是隶属函数和模糊控制规则集。根据优化对象的不同，现有的研究可分为以下几种类型：

（1）已知模糊控制规则，利用 GA 优化隶属函数

一般先设定隶属函数的形状，实践表明，三角形型、梯形型、高斯型等比较简单的隶属函数即可满足一般模糊控制器的需要。设定隶属函数形状后，确定待寻优的隶属函数参数，一般高斯型有 2 个参数，三角形有 3 个参数，梯形有 4 个参数。利用已有知识确定各参数的大致允许范围，并对参数进行编码，将所有的待寻优参数串接起来构成一个个体，代表一个模糊控制器。然后建立一定的性能指标，最后便可利用遗传算法的一般步骤进行寻优。

（2）已知隶属函数，利用 GA 优化模糊控制规则

事先确定输入输出隶属函数的形状和各参数，将每个输入输出变量划分为一定数量的模糊子集，从而确定最大可列举规则数，将一个规则表按一定的顺序展开为一维，并编码为一个个体。随机地选择一定数量的个体作为初始群体，对这些个体进行遗传操作，实现控制规则的优化。

（3）同时优化隶属函数和模糊控制规则

隶属函数和模糊控制规则不是相互独立而是相互联系的，因此很多学者认为固定隶属函数优化模糊控制规则或固定模糊控制规则优化隶属函数的做法人为地割裂了这种联系，

使优化得到的隶属函数或控制规则失去了原来的意义，建议应该同时对二者进行调整，并在这方面做了一些工作。

3.模糊混沌控制技术

混沌理论是 20 世纪 70 年代建立起来的，它和"模糊""神经网络"成为新型智能计算机的支柱。混沌是确定性非线性系统产生的不确定现象。它具有无序、非线性、变化、有涨落起伏的特点。混沌模糊控制器根据混沌理论建立被控对象负荷与干扰动态的时间序列模型，用这个模型对负荷与干扰变化进行预测值运算，再以此预测值作为基于模糊推理的前馈控制部分的输入。混沌预测具有非常高的预测精度，混沌模糊控制器具有对被控对象的负荷与干扰的预测特征。

4.模糊粗糙控制技术

粗糙理论及其数学方法是波兰学者 Pawlak Z 于 1982 年所创立，它是处理不确定性问题的一种方法。在对事物进行分类时，按照事物的某些属性，某事物可能属这一类，但也可能属于另一类。如何利用事物的各种属性对事物进行分类，是粗糙理论的研究对象。它主要的特点是：不需要提供除问题所需处理的数据之外的其他任何先验信息。粗糙理论对不确定性的度量，是在对整体数据分析处理后自然获得的，无须对局部数据给予主观评价。而模糊理论对模糊集合的隶属函数的确定带有较大的人为经验。因此相对而言，在处理不确定性问题时，粗糙理论的客观性强一些。粗糙控制也是基于知识、规则的控制，它比模糊控制更加简单、迅速，容易实现。在粗糙控制过程中，将一些有代表性的状态以及操作人员在这些状态下所采取的控制策略，应用粗糙集理论去处理，分析操作人员在什么条件下采用什么控制策略，总结出相应的控制规则。它的控制算法可以完全来自数据本身，其决策与推理过程与模糊控制或神经网络控制相比，更容易被检验和证实。将模糊粗糙理论方法应用于控制技术，这无疑也将是一种新的控制技术，很值得进一步研究。

5.模糊控制中的软计算融合技术

软计算与传统"硬计算"不同的地方在于，软计算允许存在不精确和不确定性，它是若干种方法的协作体。这些协作技术有模糊逻辑、神经网络、遗传算法、粗糙集、随机推理，还包括了最近开发的包含数据的推理、置信网络、混沌系统、不确定管理和部分学习理论。软计算的指导思想是开发利用不精确、不确定性的容忍技术方法，以获得易处理、求解成本低，并能很好与实际融合的方法。

软计算中的模糊逻辑、神经网络、遗传算法和其他技术方法是互补的，模糊逻辑是很好的处理不精确和不确定性的工具，神经网络具有很好的自学习功能，遗传算法能很好地搜索和优化算法。它们结合起来，提高了系统的功能。当前，软计算中各种算法的协作和融合技术是十分活跃的研究领域，虽然已有很大的发展，但总体上仍处于起步状态，尚需进一步研究。

第三节　神经网络控制

神经网络控制是一种基本上不依赖于模型的控制方法，适用于那些具有不确定性或高度非线性的控制对象，具有较强的适应和学习功能。对自动控制来说，神经网络具有自适应能力，非线性映射功，高度并行处理功能等优势。

神经网络源于对人脑神经功能的模拟，它的某些类似人的智能特性有可能被用于解决现代控制面临的一些难题。目前，随着神经理论的发展和新算法的相继提出，神经网络的应用越来越广泛。

从神经网络的基本模式看，主要有：前馈型、反馈型、自组织型及随机型神经网络。前馈网络中主要有 BP 网络及 RBF 网络；反馈网络主要有 Hopfield 网络；自组织网络主要有 ART 网。

神经网络模型参考自适应控制，将神经网络同模型参考自适应控制相结合，就构成了神经网络模型参考自适应控制，其系统的结构形式和线性系统的模型参考自适应控制系统是相同的，只是通过神经网络给出被控对象的辨识模型，根据结构的不同可分为直接与间接神经网络模型。

由于神经网络可以精确描述非线性动态过程，因此，可用神经网络设计预测控制系统。预测控制是近年来发展起来的一类新型计算机控制算法，它利用内部模型预测被控对象未来输出及其与给定值之差，然后据此以某种优化指标计算当前应加于被控对象的控制量，以期使未来的输出尽可能地跟踪给定参考轨线。

一、神经网络控制算法应用

1. 理论依据

BP 算法就是在模拟生物神经元的基础上建立起来的在人工神经网络上的一种搜索和优化算法。对于人工神经网络，网络的信息处理是由神经元间的相互作用来实现，网络的学习和训练决定于各神经元连接权系数的动态调整过程。PID 控制是最早发展起来的控制策略之一，适用于可建立精确数学模型的确定性控制系统。而实际工业生产过程中往往具有非线性，时变不确定性，难以建立精确的数学模型，应用常规 PID 控制器不能达到理想的控制效果。是否可以把神经网络和 PID 结合在一起，利用两者的优点，使新算法既有神经网络的学习能力又有 PID 控制的简单性呢？此处采用神经网络控制，选取应用最广泛的 BP 算法，与传统 PID 控制结合的控制策略来实现对主气温的有效控制，可以说这是采用多策略的智能控制与 PID 结合实现主气温控制的又一次有益的尝试与探索。

2. 神经网络的基本原理

人工神经网络（ANN，Artifieial Neural Networks）是对人脑神经系统的模拟而建立起来的。它是由简单信息处理单元互联组成的网络，能够接受并处理信息。人脑神经元是组成人脑神经系统的最基本单元，对人脑神经元进行抽象得到一种称为 McCulloch-Pitts 模型的人工神经元，人工神经元是人工神经网络的基本单元，它相当于一个多输入单输出的非线性阈值器件。根据活化函数的不同，人们把人工神经元分成以下几种类型：分段线性活化函数、sigmoid 活化函数、双曲正切活化函数、高斯活化函数。

学习是神经网络的主要特征之一。学习就是修正神经元之间连接强度或加权系数的算法，使获得的知识结构适应周围环境的变化。神经网络的学习方式主要分为有导师（指导式）学习、无导师（自学式）学习和再励学习（强化学习）三种：误差纠正学习规则、Hebb学习规则、竞争学习规则。

为网络的输入和输出，每个神经元用一个节点表示，网络包含一个输出层和一个输入层，隐含层可以是一层也可以是多层。BP 网络中采用梯度下降法，即在网络学习过程中，使网络的输出与期望输出的误差边向后传播边修正连接权值，以使其误差均方值最小。一般来说，基于神经网络的 PID 控制器的典型结构主要有两种，一种是基于神经网络的整定 PID 控制。另一种是把神经网络的权值作为比例，积分和微分。

PID 控制要取得好的控制效果，就必须通过调整好比例、积分和微分三种控制作用，在形成控制量中相互配合又相互制约的关系。神经网络具有逼近任意非线性函数的能力，而且结构和学习算法简单明确。可以通过对系统性能的学习来实现具有最佳组合的 PID 控制。

3. 基于 BP 神经网络的 PID 控制在主气温控制系统中的应用

主气温的控制任务：锅炉的主蒸汽温度与火电厂的经济性和安全性有重要的关系，因此主蒸汽温度是火电厂的一个极其重要的参数。其控制的好坏直接影响到电厂的整个经济效益。

主气温被控对象的动态特性：影响主气温变化的扰动因素很多，如蒸汽负荷、烟气温度和流速、火焰中心位置、减温水量、给水温度等。主要扰动有 3 个：蒸汽量扰动 D，烟气量扰动 Q，减温水量扰动 W。

主气温控制策略：对于主蒸汽的上述三个基本扰动，其中蒸汽流量的扰动由用户决定，根据负荷的多少来决定所用蒸汽的多少，所以蒸汽流量信号是不可以调节的，因此不能做调节信号。而烟气量扰动可以做调节信号，但是烟气与燃烧系统有关，如果用烟气作为控制信号，会影响到燃烧控制系统的设计，所以一般也不采用烟气控制。常常用减温水量扰动做调节信号，可通过控制减温水的多少来控制主蒸汽温度，实践证明是可以的。主气温控制有两种策略：

策略一：在火电厂中，对主气温的控制有较高的要求，然而在实际生产过程中，由于主蒸汽流量、压力、烟气温度和流速等的外扰，以及减温水内扰频繁且幅度较大，加上对象模型参数随工况参数的变化而变化，因而难以建立精确的数学模型，因此，主气温控制是一个存在大时滞、时变性、大干扰，具有不确定性和非线性的复杂热工对象。常规气温控制系统为串级 PID 控制。

策略二：传统的控制都需要人工整定 PID，且要求对象模型精确，而对于主气温被控对象的模型往往是很难精确得到的，我们利用神经网络的非线性特性和不依赖于对象精确模型的优点，对主气温的控制方案加以改进。改进后加入 BP 神经网络，搭建成基于 BP 神经网络的 PID 控制系统，用以完成对锅炉主气温的控制。

通过实验得知，基于 BP 神经网络的自整定 PID 控制能依据被控对象的变化自适应的调整 PID 的三个参数，依据一定的最优准则以求满足不同负荷下的控制要求。

二、神经网络控制的系统故障诊断技术

1. 神经网络控制系统故障诊断技术发展

（1）智能化

神经网络控制系统出现故障，一般需要专业工程师对系统的故障信号进行检测、搜集和分析，在了解系统故障的发生位置后即可分析研究故障原因。现代网络信息技术和智能技术的广泛应用提高了神经网络控制系统故障的诊断速率。神经网络控制系统在工业生产等领域应用广泛，关于系统故障的诊断技术也不断提高，逐步向智能化和数字化发展。神经网络控制系统在不同行业应用，但是产生的故障原因不同，采用的诊断方法也不同。一般系统在产生故障时会自动发出警报声，可第一时间确定系统的故障位置，这种属于系统故障智能定位。系统控制工作复杂，从应用企业的应用成本考虑，需要使用合理的神经网络控制系统，同时增加对神经网络控制系统故障研究成本的投入。

（2）灵活性

神经网络控制系统产生故障大多是人工应用不当导致的，因而在故障诊断中由于人的主观意识，导致系统故障诊断过于单一，且人工判别技术有限，具有较大随机性和盲目性，对系统故障位置及成因分析判断的准确度不够，影响神经网络控制系统故障修理。然而采取智能技术对神经网络控制系统故障进行排查和定位具有较强灵活性，可以在假设的基础上建立数学模型，以数据分析的形式对系统故障部分予以诊断。神经网络控制系统研发和应用的复杂度不断提高，不同类型控制系统产生的故障原因也越来越复杂，采用数学建模的方法获取、分析故障系统数据，能够增强神经网络控制系统故障诊断的灵活性和针对性。

2. 神经网络控制系统故障诊断技术应用的内容和要点

（1）数据建模，隔离故障源

神经网络控制系统出现故障后无法正常运行，系统某些功能也无法实现，最终导致系

统瘫痪、影响工作。针对这种情况需要充分利用人工智能手段诊断系统故障原因，可以利用软硬件监控系统，在确定故障点后予以隔离，通过数据了解系统产生故障的人工原因和机能原因。技术人员一般需要根据系统工作参数输出，利用数据建模，以数学表示形式将系统故障信息进行验证和输出，作为故障诊断评价的理论依据。对于神经网络控制系统故障原因诊断后还要进行原因分类，检测系统变量是否存在异常，若异常则启动报警装置，以此排除不合理故障原因。神经网络控制系统故障发生需要在判断出原因后根据信息源位置隔离故障部分，对于神经网络控制系统不同的故障原因和故障程度均要进行量化评估，并采取有效措施解决故障问题。

（2）BP 神经网络和遗传算法

神经网络控制系统主要部分是执行器和传感器，执行器和传感器在运行中主要容易出现恒偏差、卡死和恒增益等不同类型的故障。因而在故障诊断中需要利用仿真建模的办法，将仿真人设定为故障类型，并以此获得系统变化信息。在神经网络控制系统故障中一般会应用 BP 算法，但这种算法单独使用效率不高，可结合遗传算法，利用遗传算法优化 BP 神经网络的权值阈值，最后在系统故障归一化处理后用作训练数据。遗传算法的主要特点是全局搜索能力强且运行高效、便捷。传统的 BP 算法在受到遗传算法数据优化后，能够提高神经网络控制系统故障诊断的有效率，诊断数据误差比对后可提高运算速率。

（3）残差序列和模型解析

神经网络控制系统动态模型建立能够有效提高系统故障诊断与检修准确率，一般是利用滤波器或观测器重构控制系统的参数或状态，并形成残差序列，对于残差序列中所包含的故障信息可以采取必要手段进行信息增强，对模型中的非故障信息需要抑制，正常情况下统计分析残差序列可直接检测出系统故障发生的位置和原因。系统故障正常值与估计值的偏差分析是研究系统故障程度的关键，在参数估计中相对简单实用的是最小二乘法，鲁棒性较强，因而是参数估计的首选方法。系统运行状态可由被控过程状态反映，被控过程状态在重构中形成残差数列，数列中也包含了不同的故障信息，利用模型统计检验出故障，最后用尔曼滤波器进行状态估计。关于模型等价空间的诊断一般使用无阀值的方法，这种方法是在 1984 年由 willsky 和 Chow 提出，主要是对测量信息进行分类，得到一致的冗余数据子集后，估计系统状态，并对不同的冗余数据进行识别，完成模型解析。

第七章 物联网智能控制

第一节 物联网控制系统信息传输关键技术

网络控制系统是计算机与信息技术发展中所形成的重要产物，具有安全移动监测、移动控制等优势，用户能够不受时间和空间限制，对被控制设备进行监控。目前在物联网控制系统中，在信息传输方面还存在一定不足，需要相关人员加强对物联网控制系统中信息传输关键技术的研究，不断提升信息传输的安全性、及时性，以符合时代发展要求。

一、物联网技术概述

物联网（Internet of Things，IOT）被称为继计算机、互联网之后的信息技术革命的第三次浪潮。顾名思义，物联网是可以实现物物相连的新型网络，是在互联网的基础上，将"物"加入信息系统，将 RFDI、无线传感技术等应用于"物"的感知、监控、管理的技术系统。物联网利用各种感知技术及信息传感设备，如射频识别技术（RFID）、红外感应技术、激光扫描器、全球定位系统等对现实世界中的物品进行智能感知和识别，将采集的信息通过互联网进行有效的信息交换和通信，从而将"物"加入网络互联中，将人与人之间的沟通和交流拓展到人与物及物与物之间，即物联网将其用户端拓展和延伸到了任何物和物之间。物联网的基本特征有物联化、智能化、互联化、自动化、网络化、感知化。

1. 物联网的发展历程

物联网技术早在 1995 年就被比尔·盖茨提出。1999 年，麻省理工学院给出了他们的物联网的定义：物联网就是将所有物品通过射频识别等信息传感设备与互联网连接起来，实现智能化识别和管理的网络。2005 年 ITU 在其名为"物的互联网"的年终报告中以新的通信维度来定义物联网，并预见物联网关键技术如传感器技术、射频识别技术、嵌入式技术等将得到更加广泛的应用。基于对物联网关键的研究，即通过传感器感知"物"的状态，我国中科院认为物联网是感知网。目前，韩国、日本均提出了本国物联网发展战略，美国更是将物联网列为振兴经济的有力武器，我国也高度重视物联网技术的开发、应用。

现在物联网技术已经被广泛应用于生活的各个方面，如智能家居、智能交通、智能图书馆、产品溯源等，给人们的生活带来了翻天覆地的变化。

2. 物联网的体系结构

物联网的体系结构可分为感知层、网络层和应用层。

（1）感知层

感知层主要完成大规模、分布式的信息感知与信息采集。通过各种类型的传感器感知设备，提取设备的属性、状态及行为态势等有用信息，从而感知、识别目标。并将信息提供给网络层的其他设备以实现交流互通及资源共享。RFID 标签和读写器、全球定位系统、各种传感器和 M2M 终端、摄像头等是感知层的重要组成部分。

（2）网络层

网络层是由互联网与各种通信网络（电信网、广电网、移动通信网及其他专业网络）等基础网络设施组成的融合网络。主要负责接入、传送和管控来自感知层的信息，完成物联网应用层与感知层之间的数据传输、信息通信。

（3）应用层

应用层主要是行业专业技术与物联网技术相结合，为行业的智能化应用提供实用的解决方案，由支持物联网技术运行的各行各业的应用系统组成，为用户实现使用物联网的应用接口，为各种终端及用户设备提供应用服务。

3. 物联网核心技术

（1）RFID

RFID（radio frequency identification，射频识别）是一种可工作于各种环境、无须人工干预的非接触式的自动识别技术。它通过射频信号自动识别目标对象并获取对象的各种数据。RFID 可实现多个标签的同时识别，并能对高速运动的物体进行识别。RFID 由标签、阅读器和天线 3 个部分组成。其技术标准有 ISO/IEC10536，IS0/IEC 14443，IS0/IEC15693 和 ISO/IEC18000。应用最多的是 ISO/IEC 14443 和 ISO/IEC15693。RFID 具有识别穿透能力强、无线无源、安全防伪等特点，RFID 技术与通讯、互联网等技术相结合，可实现全球范围内物体的自动识别、定位、监控、追踪，因而成为物联网实现的关键技术之一。

（2）无线传感网技术

无线传感器网络（WSN，Wireless Sensor Network）是高效、高稳定性的自组织的无线网络信息系统，具有分布式信息采集、信息传输和处理技术。无线传感器网内部署了大量的传感器节点，物联网正是通过遍布在监控区域内的无数传感器及由它们通过自组织方式形成的无线传感网络，监测光、声音、温度、压力、运动等数据以感知物体的。传感器各节点相互协作，实现对监控区域内任意时间及地点的信息进行感知、数据采集和分析处理，并通过网关连接到公用 Internet 网络，将信息发布给监测者。在无线传感器网络中数据传输技术主要有 WLAN 技术、UWB 技术、Zigbee 技术、RFID 等。

（3）云计算技术

云计算是利用远程服务器或非本地的服务器的分布式计算机为网络用户提供计算、存储、软硬件等服务，具有大规模的并行计算能力和弹性增长的存储资源。云计算将海量数据的计算程序通过网络自动拆分成无数小的子程序，再交由多部服务器同时完成，因而能够在数秒之内发挥与超级计算机同样的强大效能，处理数以千万计甚至亿计的信息。物联网中的传感设备时刻在采集海量数据，这些数据的存储和计算、处理，需要云计算能够实现海量数据处理需求的计算模型来支撑。为使用户有效使用数据，云计算通过灵活、协同、安全的资源共享将信息孤岛构造成一个大规模的、异构的资源池，从而为海量数据的高效利用提供支撑。

4. 物联网技术的应用

（1）智能家居

智能家居是指为提高居住的舒适性、安全性和便利性，将物联网技术中的智能控制技术应用于家庭的各种设备及家电的控制与管理，实现家居功能全智能自动化。目前已实现的功能包括自动灯光控制系统、安防控制系统、环境监控系统、自动家电控制系统等。

（2）智能图书馆

随着物联网技术的不断成熟和发展，RFID（射频识别技术）被广泛应用于新加坡、印度等 10 多个国家的智能图书馆管理系统。为图书管理及用户服务的发展提供了新的契机。在图书管理方面，实现了图书溯源，保证图书质量。在新书上架及图书典藏时，更易于对图书进行感知和定位。为用户提供智能身份识别、智能图书定位、智能图书导读等个性化服务。近年来更是与高校学科建设相结合，为高校的科研提供学科服务。

（3）食品溯源

随着人们生活水平的提高，食品健康问题成为人们关注的焦点，建立食品可追溯系统成为人们的迫切需求，物联网技术特别是 RFID 技术的发展使其成为可能。利用 RFID 标签采集食品从养殖场到屠宰场最后到销售环节的数据，通过网络上传至中央服务器，以供消费者查询验证，实现从农场到餐桌的信息透明，从而保证食品安全，增强消费者的信心。

（4）智能交通

智能交通系统主要是将物联网技术中的 RFID 技术、智能感知技术、无线通信技术应用于城市交通管理。通过对车辆、天气、路况、交通事故的实时感知与监控，实现智能交通监控、智能交通管理（实时、动态协调交通情况）、智能停车管理及不停车收费系统等。为解决城市交通拥堵问题提供新的解决方案。

二、物联网技术在电力系统中的应用

我国的节能减排、能源开发、消耗方式的转变等目标是否能够实现，是否能够探索出一条适合我国国情和经济社会发展的低碳电力发展道路，取决于是否找到解决该问题的突破口。信息化时代的来临惠及了我国各个不同的领域，电力行业更不例外，实现低碳电力发展的重要的途径是建立和健全我国的智能电网系统。先进世界的电力系统发展变革的最新型的模式就是智能电网，也是21世纪电力系统的一项重要的科技创新成果。

对电网每个环节的主要运行参数实行在线检测和实时信息控制是实现智能电网的基础。被称为智能信息感知末梢的物联网可以有效地促进智能电网的发展。物联网是信息时代后期的产物，会在不久的将来得到大范围地应用。物联网目前可实现的功能已经涵盖很多领域的各个方面，例如智能电网、智能工业、智能农业、智能物流、智能安防、智能家居、智能环保、智能交通、智能医疗等。其中，智能电网是物联网广泛应用领域的其中一个领域，其在使用的过程中也有助于物联网更好地完善其功能。

全球公认的物联网的定义是使用全球定位系统、红外感应器、激光扫描器以及射频识别（RFID）等传感信息的相关设备，根据协议来把各种物品同互联网进行连接，推动信息的通信和交换，最终实现智能化定位、跟踪、识别、管理、监控等各种功能的网络。其通过全球定位技术、射频识别技术和传感器等，在实时采集各种连接、互动和监控对象的关于光、热、声、电、位置、生物、化学等信息以后，使用网络接入达到物与人、物与物相互联系的目的，最终完成对象的智能化感知、鉴别和控制等。新兴的信息技术被物联网运用到了各个领域中，其将感应器安装到铁路、隧道、电网、供水系统、油气管道、大坝等不同物体中，通过物联网技术将其同传统的互联网相互关联，以此达成了人类社会和物理系统之间的联系。在这个庞大的联系网络中，核心部分就是能够实现各种功能的中心计算机群，通过电视网和电信网来实时控制网络内的基础设施、各种设备、机器和人等，以此将生产力水平和资源利用率大幅度提高。

1. 物联网各项技术简介

（1）全球定位技术

全球卫星定位系统（GPS）的组成是地面信号连接点、用户信号接收装置以及空间卫星三个部分，可以全天候把高精度的速度、时间以及位置信息传送给用户，GPS的实时功能在电力系统中的应用相对于定位功能来说更加广泛和实用。电力系统中的保护系统和监控系统对时间的精准度的要求非常高，甚至要求其达到精确同步的地步。比如调度自动化系统、监控系统、微机保护及安全自动装置系统、故障录波事故记录仪等。电网等电力系统的快速发展使其对于时间的精准度要求更高，力求分毫不差。

（2）红外感应技术

红外线对于温度敏感的物理性质称为红外感应。红外光是红外线的别称，其具有散射、折射、反射、吸收以及干射等功能。所有具有一定温度的物质都会通过辐射产生红外线，红外线感应器在测量物体时，可以不与物体进行接触，这就有效避免了摩擦和损坏的可能性，其具有响应迅速和极度灵敏的特性。

（3）识别技术

电力物联网的一项重要技术就是标识技术，让物体的可视化管理成为可能。现在比较多用的标识技术有射频标签和条形码。无线射频识别（RFID）是使用无线电信号来对扫描目标管理和识别，过程中不需要任何的接触，在物联网中的主要作用是"使能够"。RuBee 技术是这几年国外研究出来的新型标识传感技术，其主要特点是体积小，耗能低，可以穿透水和金属等各种介质，形成可靠的传输，RFID 标识技术在这种条件下无法得到很好的应用，RuBee 技术正好弥补了这一点，同时，在高压、广域分布、强电磁干扰等各种严峻的工业生产环境下，RuBee 技术都能够具备安全可靠的监测管理性能。

（4）M2M 技术

M2M 技术是指终端设备之间的集中管理和互相联系，它使得人与机器、人与人、机器与机器之间的通信对话成为可能，使得操作者能与设备、机器、应用处理过程以及后台等之间实现信息共享。其使得设备和系统之间、设备和个人之间、几个远程设备之间能够实时通过无线连接来传输和共享数据。M2M 技术被广泛应用在了各个领域，赋予机器对话的性能，以此达到管理和监控资产和设备的目的，改善服务和优化配置使得社会中的各个领域的运作更加安全、高效、环保和节能。

在传感技术的基础上建立的传感网络、RFID、信息化和工业化融合、M2M 为物联网的四大核心技术，信息化和工业化融合一般用在自动化和制造等工业信息化行业，而在传感技术的基础上建立的传感网络、RFID、M2M 等技术一般用在智能电网中。

（5）窄带物联网 NB-iot

NB-iot 技术是一种 3GPP 标准定义的低功耗广域网解决方案。NB-iot 协议栈基于 LTE 设计，但是按照物联网的需求，减掉一些多余的功能，减少了协议栈处理流程的开销。因此，从协议栈的角度看，NB-iot 是新的空口协议。长距离通信技术 NB-iot 是一种革新性的技术，由 3GPP 定义的基于蜂窝网络的窄带物联网技术。其支持海量连接、有深度覆盖能力、功耗低，这些与生俱来的优势让它非常适合于传感、计量、监控等物联网应用，适用于智能抄表、智能停车、车辆跟踪、物流监控、智慧农林牧渔业以及智能穿戴、智慧家庭、智慧社区等领域。这些领域对覆盖广、低功耗、低成本的需求非常明确，目前广泛商用的 2G/3G/4G 及其他无线技术都无法满足这些挑战。

（6）LoRa 技术

LoRa 技术主要是由内置 LoRa 模块的终端、网关、服务器和云四部分组成，应用数据可双向传输。此项技术大大地改善了接收的灵敏度，降低了功耗。其关键特征是基于该技术的集中器支持多信道多数据速率的并行处理，系统容量大。同时，基于终端和集中器的系统可以支持测距和定位。这些关键特征使得LoRa技术非常适用于要求功耗低、距离远、大量连接以及定位跟踪等的物联网应用，如智能抄表、智能停车、车辆追踪、宠物跟踪、智慧农业、智慧工业、智慧城市、智慧社区等应用和领域。

2. 物联网与智能电网的关系

从结构上分析，我国的智能电网主要是以特高压电网为主要支干，各级电网为分支的协调发展型电网。通过先进的通信和信息控制等技术来构建自动化、可互动和信息化的智能电网。此电网一定是自主创新、体现中国特色且在世界排在领先地位的。其最主要的特点就是实现信息共享、可互动和完全自动化。和它相吻合的物联网特点是全面感知、安全传递和快速处理。所以，物联网和智能电网在结构特点上具备一些共通点。

从实现方法来分析，智能电网的建成需要经过末端传感器在客户和电网公司之间、客户和客户之间实现随时互动的连接网络，以确保双向数据的及时和精确地读取，以此保证电网的效率得到提高。而建设物联网也需要庞大的传感终端网络来作为感应末梢，用安全且强大的通信网络来当作躯干，用控制和智能处理等技术当作信息化大脑。因此，物联网和智能电网在实现方法上也有很多的相似之处，可以相互参考和借鉴。

综合以上描述内容，物联网和智能电网在结构上有共通点，在建设方法上有相似之处，可以说电网智能化建设的核心技术支持就是物联网技术。通过对电力系统和基础设施等资源的有效整合，物联网技术可以通过通信基础设施为电力系统的安全可靠性运行提供保障，实现电力系统的全面信息化，提高电力系统基础设施的使用效率。物联网一个非常重要的应用领域就是智能电网，智能电网使得互联网走向了物联网时代，人们是在信息革命以后使用互联网搭建起沟通的桥梁，物品之间的信息共享也会通过物理网络作为传输载体，智能电网会将不同的用电和供电设备连接起来。数字通信基础设施是建立智能电网的基础所在，而物联网技术的重要组成部分就是现有的电力系统集成检测、通信等软件，以及监视器、传感器、智能电表和通信装置等各种硬件设备。总之，智能电网就是在传统的电网上加入RFID技术、自身含有IP协议的局域网络以及传感器等，以此来优化电网结构，实现远程控制。物联网自身可以认为是一个传感器，加载了互联网和RFID技术，可以说物联网技术在电网上的应用就是智能电网。

3. 物联网技术在电力系统中的应用

建立智能电网是指电力系统配电和输电阶段实现智能，同时也指发电和用电阶段的完全智能化，所以，在电力系统的发电、输电、变电、配电、用电以及电力资产管理的各个阶段都充分利用物联网技术，才会加快电力系统智能化的步伐。

（1）发电阶段

物联网技术在发电阶段可以检测设备状态、监控风电场、实现生物智能发电和光伏发电、管理设备、巡视和巡检以及预测功率等。比如，使用RFID、无线通信技术、传感测量、数据挖掘等技术实现信息共享，时刻了解天气变化对于分布式电源出力的作用，随时预估分布式电源的功率变化以控制分布式电源的出力范围，这样可以根据系统需要来对系统实现智能调度，同时可以有效消除分布式电源给电网产生的扰动。

（2）输电阶段

输电阶段，线路的运行状态可以通过电网中的传感器进行实时检测，并将信息传输给调度系统，以方便其进行电能损耗情况的了解和统计。同时可以辅助调度人员运行相对应的系统，在信息传输安全可靠的基础上对网络的运行进行适当优化，可以有效降低传输网损，节约能源消耗，同时使得传输效率大大提高。

（3）变电阶段

在变电阶段，可以通过物联网的技术方法进行智能巡检，物联网具有自适应的快速反应和故障处理能力，对于高压电气设备的状态能够精确感知，同时对于设备能够提供可靠的智能管理方法。建立和完善传感网的监测网络，以方便全面系统地检测影响变电站运行的各种因素。在传感网测控数据平台上建立智能检测和辅助系统，将采暖通风、火灾报警、安全警卫、图像监视等各项功能模块加入系统中，以此实现变电站的智能化控制和管理，有效改善了传统模式的管理烦琐、不能智能交流和各自独立等缺点。

（4）配电阶段

在配电阶段实现智能化管理，应该具备及时反映故障和保证电力安全供应的功能，可以提供可视化的现场作业控制和管理，对设备进行智能管理，同时提供电力设施的防护和防盗预警，以及智能的设备和线路巡视等。配电网通信的特点决定了其不能使用单一的通信模式来实现通信，一般会使用载波通信、光纤通信、无线宽带以及无线公众网通信等技术来实现，这些技术不一定安全，且成本不低。而物联网可以实现配电主站和配电终端之间的通信，将配电网的全部部件和设备连接到物联网上，以此实现配网通信任务，也可以实现配网自动化的遥控、遥测和遥信等功能，现在使用的载波和 GPRS 等通信技术因为带宽原因而无法实现遥测和遥信的功能，同时，物联网使得配电终端数量多和变动频繁的问题也得到了很好的解决。

（5）用电阶段

用电阶段是针对大众的阶段，物联网技术可以实现智能家居的功能，家具中很多用电设备，可以集成智能用电芯片，也可以安装智能用电插座，这样就可以按照电气的运行特性来进行优化，达到省电节能的目的。例如，智能检测发现室内没有人，可以自动将照明设备关闭；自动检测到电价的上下浮动，在电价较低时启动用电功能等。在计费和计量部分，使用物联网技术以后，计费表可以自行统计和处理电量，达到各种等级电能用户的电费自动划卡缴费的目的，有效避免了人工操作可能出现的误差，节约了人力；还可以统计和分析电量情况来确定是否存在窃电现象。

（6）电力资产管理阶段

物联网可以帮助电力系统实现分布式电源并网后的经济调度，同时降低互动操作对于调度的影响，可以将电力物资和设备等编码标准进行广泛推广，使之有一套完善的行业标准和国家标准，在有标准的条件下建立电网资产标签编码规范，使资产能够按照身份进行管理。通过识别技术、无线业务分组以及传感器网络等来完成电网资产管理的感知、标识和信息的传送功能，通过业务模块的实现来采集电网资产管理中的资产数据，把资产巡检和清查等工作全面联系起来，以此提高电网的资产管理和控制能力。

三、物联网控制系统中的信息传输关键技术

1. 物联网控制系统相关概述

物联网控制系统主要是通过物联网将各控制元件互联，实现信息安全共享以达到预期控制目标的系统。这一系统中的控制元件主要包括管理设备、智能控制器等，所控制的信息则包括控制规则、控制程序、监控信息、产品参数信息等。物联网控制系统的主要控制目标，是通过对整个系统的控制，所达到的最终目的。控制系统能够将其控制功能分别交由各个控制元件完成，通过物联网实现信息的安全传递，使所有被控制部分的信息能够共享，从而开展协调有序的工作。

2. 物联网控制系统应用优势

物联网控制系统具有多种优点。首先，其信息传输与其他控制系统相比，更加安全可靠，其控制系统能够在基于信息安全传输的要求上，对传输协议和方式进行适当调整，直至其符合控制系统最终目标。其次，其具有交互便捷的优点，被授权者只需要在首次应用时，在设备现场进行设备操控，在正式投入使用后，便可以实现远程监控，大大方便了用户与设备、设备与设备等的信息交互。物联网控制系统还具有组建简单的优势，在实际使用中，系统中的控制元件能够采用无线、有线两种方法组建，既节省了布线的繁杂步骤，又能够实现任意搭配工作，整个组建过程十分简单。最后，其还具有数据时效性强的优势，系统中的所有设备都能够实现信息的即时传输，充分保证了信息的高度一致。但是物联网控制系统最大的优势，还是在于其实现目标。即所有用户或是被授权设备，都能够不受时间、空间限制，实现对被控设备的安全监控。

3. 物联网控制系统中的信息传输关键技术

（1）传感器信息传输关键技术

这一信息传输关键技术，主要是通过将系统中的信息转换成数字信号以实现信息传输的技术。传感器信息传输技术具有传输速率高的优势，为系统处理信息增添了便利。其在物联网控制系统中的应用，主要是运用 RFID 技术，通过将单一射频标码提供给物联网中信息，实现对信息传输的良好监控。其中，RFID 技术作为物联网控制系统中传感器技术的一种，能够在应用中对大量杂乱的信息进行有效识别，具有避免信息混淆的作用。由此

可见，传感器信息传输关键技术在物联网控制系统中的应用意义重大，能够充分保证信息传输的精准度和高速率。

（2）无线载波信息传输关键技术

无线载波信息传输技术，主要是运用脉冲，对物联网中信息进行监控和传输，又可以称之为 UWB。这一技术具有传输速率高、能耗低、控制能力强、无干扰等多重优势。在实际应用中，其传输速率能够达到纳秒，且十分节省传输空间。由于其属性为低频信号，因而在信息传输的过程中，不会对这一过程产生任何干扰，能够有效提高信息资源利用率。另外，在以往的物联网信息传输中，所运用的传输技术或多或少会存在信号减弱的情况，而无线载波传输技术的应用，无论是在信号的获取还是定位上，都能够有效避免这一问题的出现，具有高精度的优势。

（3）Wi-Fi 信息传输关键技术

这一信息传输技术主要是基于通信协议展开的物联网信息传输，具有传输速度快、传输范围广的优势。其传输理念为无限扩展，用户在物联网系统中具备接入点，就能够占据信息传输所有区域。在实际应用中，这一信息传输技术能够使信息穿过障碍继续传输，有效解决了原有物联网信息传输中的信息阻隔问题，使信息传输不再受到局限影响。目前，WiFi 信息传输关键技术运用较为广泛，有效提升了物联网信息传输速率、系统控制能力，充分满足物联网控制的多方面要求，而 Wi-Fi 信息传输技术也在朝着同时适应更多用户、避免出现分隔干扰的方向不断发展。

（4）近距信息传输关键技术

近距传输技术主要是通过内部芯片对信息源点的迅速查找，因实现物联网中的信息传输。这一传输技术的核心为跳频处理，具有瞬间连接、简单、安全等优势，能够为物联网中的多种设备提供技术支撑，以实现信息的良好传递。目前，近距信息传输技术已经在物联网信息传输关键技术中，展现出了极强的竞争力。

4.物联网控制系统中信息传输关键技术发展展望

就目前情况来看，物理网控制系统中信息传输关键技术已经在多个领域实现了有效应用，其发展前景也愈发广阔。在未来发展过程中，相关研究人员还需对其具体应用进行深入研究，推进各项技术的协调配合，实现技术融合，以便在实际应用中，能够相互补充，弥补各项技术中的不足，充分保证信息传输的安全性、稳定性以及所传输信息的精准度。

第二节　物联网智能控制技术网关的设计

物联网是通过射频识别（RFID）、红外感应器、全球定位系统、激光扫描器等信息传感设备，按协议与通信网络相连接，进行数据信息交换和共享，以实现远程数据采集和测量、智能化识别、定位、跟踪、监控和管理的一种网络。能实现自动智能处理物品的信息状态，并进行管理和控制，实现信息获取和物品管理的互联互通。随着现代社会科学技术、通信设备的不断开发和应用，物联网以"全面感知、无缝互联、高度智能"的特性，被视为第三次信息化浪潮。人们的生活水平不断提高，居住条件不断改善，生活品质不断提升，居家环境也充满了个性化、智能化、便捷化、高效率，物联网智能家居也就应运而生，作为家居智能的核心部分—智能家居远程控制系统的研究、开发和建设必将是国家经济发展的新趋势。

物联网智能家居远程控制技术是采用计算机网络技术、无线数据传输技术、网络布线技术、计算机接口技术将与家居生活有关的各个子系统如灯光、窗帘、煤气、温湿度、安防的控制、信息家电、场景联动等功能有机地融合在一起，应用各种通信网络实现互联互通，利用必要的安全机制，达到网络化综合智能控制和管理。

现有的通信网络是主要用于人与人之间的信息传递，传感网络实现了人与物、物与物之间的通信。但不足的是，传感网不能进行远距离数据信息的传输，导致传感网与以太网之间很难进行通信。为了解决这一矛盾，一种新型的网元设备—物联网网关应运而生。

一、物联网网关简介

在物联网远程控制系统中，通信网络和传感网络是通过物联网网关实现连接和设备管理的。感知网内部的异构性通过物联网网关进行屏蔽，并对通信网络和感知网络数据信息融合；通过物联网网关进行感知网络和终端节点的管理。转换和标准是物联网网关的关键技术；屏蔽感知网异构性必须进行协议的转换，建立统一的指令及标准是实现网关管理功能的必要条件。目前，在物联网网关系统设计中，物联网网关是物联网远程控制的核心，主要进行数据信息转换协议、运行状态控制、数据信息汇聚以及寻址认证等，它是物联网智能家居的数据信息汇聚中心和控制中心。

二、物联网网关基本功能

完整的物联网智能家居远程控制技术网关具备的基本功能如下。

1.数据转发能力

物联网网关作为互联网与传感网络之间的桥梁，需支持传感器网络内部数据的协同与汇聚，以多种方式桥接传感器网络与互联网。数据转发是其最基础的功能，物联网网关能够正确向传感网终端、互联网终端发送和接收的数据。

2. 协议转换能力

传感器网络数据信息常规多采用 IEEE 802.15.4 等通信协议，以太网多采用 TCP/IP 协议通信，网关必须进行协议转换。物联网网关向下将下层不同标准格式的数据统一封装，确保不同的感知网络的协议，变成统一的数据和信令，向上将上层下发的数据包信息，转换成感知层协议能够识别的数据信令和控制指令。

3. 管理控制能力

对于任何网络来说，管理控制功能是不可缺失的。对网关进行管理，如注册、权限、状态监管等管理；对传感器节点的管理，如器件标识、运行状态、网络属性等管理；对智能家居远程控制，如远程监测、机械控制、系统诊断、智能维护等。物联网网关接收应用数据和信令，进行识别后下达给传感器节点，实现物联网网关对下层传感器节点的管理与控制。但由于协议不同、技术标准不同，所以网关的管理能力也不尽相同。

三、物联网网关系统设计

中国通信标准化协会（CCSA）将物联网主要分为三层：第一层为感知层；第二层是传送层，物联网网关位于本层；第三层是应用层。

（1）感知层。感知层的关键技术主要有检测技术、近距离通信技术，它是物联网发展和应用的基础。感知层主要是由传感网和采集数据信息设备搭建而成。数据采集通常利用各类传感器、RFID，GPS、视频摄像头等设备来完成；传感网络是由多种数据采集设备和许多传感器及其节点组建的。

（2)传输层。传输层的关键技术主要有远程通信技术、网络技术，以现有以太网为基础，嵌入感知层获取的数据信息进行远程传输，实现感知网与以太网的结合。

（3）应用层。物联网应用层是以数据为中心的物联网的核心技术，利用处理的数据信息，为用户提供远程或近郊的控制和服务。各类信息通过各种设备在这一层进行处理和控制，各层之间通过可控的信息分析和运算为用户提供各类服务。

1. 物联网网关系统的硬件设计

此处物联网网关由基于 ARM 开发板，由嵌入式 ARM 9 架构的 32 位 RISC 微处理芯片、CPRS/Zigbee 通信模块、FLASH 模块、ARM 模块、接口电路、电源等几部分组成。感知层主要由 MCS80C51 处理器和 CC2420 射频收发器通信模块搭建而成，该模块同时还搭载了 Zigbee 通信模块，实现网络子节点间的数据传输。

2. 物联网网关软件系统设计

物联网网关位于传输层，主要作用是负责管理平台与感知节点间的数据信息交互。感知节点属于系统中的感知层，其上嵌入了数据处理模块，其主要作用是解析命令和上报数据，收集传感数据信息，并上报给网关，同时接收网关下发的信令。数据收集和时间同步等一些传感网内部的工作则是通过数据传输协议和基础服务模块共同协作完成。

感知节点和管理平台之间的通信通过网关来完成，网关在接收到节点的数据信息的同时，也向管理平台接收和报送数据信息。管理平台的信令是通过 GPRS 模块和以太网模块来接收和发送的；命令映射模块是用来解译信令，并决定将信息传输节点或网关；传感网数据包解析主要是通过协议转换模块来实现，并进行统一封装。日志管理和配置管理是网关的主要管理方式，用于记载重要事件和网关的配置信息，并进行数据的上传；数据信息发送和传感网信令分发是由数据上报和命令代理模块中 sink 节点来实现的。

综上所述，系统的应用管理层是通过管理平台来控制和管理网关与传感网络的，管理平台在数据库中自动保存数据信息和维护子系统，并进行数据分析、数据统计和数据存储，实现了服务端和客户端与网关之间的数据信息传输，同时为用户提供便捷的操作界面。

四、物联网网关设计系统实验测试

1. 物联网网关的数据信息丢包实验测试

（1）传感网节点之间数据信息传输过程中丢包。在物联网网关硬件设计过程中，由于传感器件的不稳定性造成传感网的不稳定性，使得丢包现象时有发生。

（2）网关从串口读取 sink 节点数据信息时丢包。从串口读取 sink 节点数据信自、丢包现象测试相对较为简单，为每一个数据包信息设置序列号，将发送的数据包与接收的数据包序列号进行比较，若相同，则说明没有发生丢包现象，不相同则有丢包现象。

（3）网关与以太网等进行数据信息传输时丢包。测试此种丢包现象是在物联网网关管理平台程序设计过程中添加一段测试程序，使其能自动记录发送的数据信息与未发送的数据信息，并记载与管理日志。

2. 物联网网关的数据信息时延实验测试

物联网网关的数据信息时延也是测试网关性能的一项关键指标。网关的数据信息时延是指读到一条完整的数据信息到完成发送这条数据信息之间的时间间隔。

第三节 物联网智能控制的路灯设计

一、物联网在城市路灯系统的应用

1. 城市路灯系统管理与维护发展需求

（1）城市路灯系统管理与维护发展现状与不足

我国路灯系统的管理与维护工作，由于规划以及监管等各方面的问题，导致许多路灯系统及其设施功能得不到有效发挥，发展形势不容乐观。具体而言，第一，目前我国的路灯系统建设与规划发展缺乏统一的管理与维护机制，管理模式较为的松散和落后，部分管理规范都流于形式。这些路灯系统管理与维护中所暴露的不足直接导致路灯系统的统筹规划工作不到位，甚至出现"一路一灯"的现象，影响城市外在容貌。同时，这些不规范的建设与管理方式也使得路灯的耗电量较大。据不完全统计调查显示，我国许多城市的路灯系统在节能这一指标上执行效果并不明显。虽然大多路灯系统在设计中都尽可能地考虑了节能这一问题，但在具体实践中的节能效果却一般，甚至出现为了达到节能指标而不得不关闭一部分路灯的做法，结果街道上许多的路灯形同摆设，造成浪费。第二，在我国的路灯系统管理与维护工作中，由于监管与维护方式的落后，使得路灯设施与电力输送工作监管与维护都难以及时到位，设备和电缆盗窃严重，给社会带来不安定因素。这一问题主要源于路等系统管理分口较大，不同功能的路灯系统分别由不同部门管理，不同部门或单位的管理与维护模式存在一定的差异，具体的职责不够明确，利益分配等问题使得路灯系统的管理状况层出不穷，限制了路灯系统监管与建设的发展速度与质量，在实践中存在的漏洞使得路灯维护不及时，甚至出现设施被盗窃的情况。第三，目前路灯系统中大多应用了自耦变压器，但在实践中却无法实现电压的自动精确控制，同时可能会有严重谐波污染，无法实现绿色环保。

（2）城市路灯系统管理与维护优化发展的重要性

基于路灯系统建设、管理与维护中存在的问题，提升我国路灯系统的管理与维护质量，具有十分重要的价值与意义。其一，路灯系统的管理与维护改善发展是城市形象建设的重要举措之一，路灯系统管理与维护是城市现代化发展的必然组成。随着时代的发展，城市的现代化需求对城市的路灯系统提出了更高的要求，绿色化、智能化、节能环保等多维度的发展成了路灯系统管理与维护中不可或缺的一部分。因此，提升路灯系统的建设与管理，可以最大限度地提高城市公共照明系统的应用效率，在缓解用电紧张的同时，实现能源节约，减少资源浪费，满足人们对城市路灯系统的使用要求，为城市发展彰显一道亮丽的风景线。其二，路灯系统的管理与维护升级，是科学技术与措施在实践中与具体应用场景相融合的必然。基于现代化的技术与发展策略，提升路灯系统的管理与维护水平，不但能够有效地提高路灯系统的管理与维护质量与效率，同时也能够更好地完善我国路灯系统的各项功能，并将各项功能在实践中应用的更好，为大家提供更好的服务和体验。总的来说，城市路灯系统的管理与维护工作的重要性不言而喻，改革与优化发展刻不容缓。

2. 基于物联网的城市路灯系统完善与拓展

（1）物联网技术及其特点

为了实现对城市路灯系统的完善与拓展，基于先进的科学技术与平台，进而构建更加自动化和智能化的城市路灯管控系统是发展的趋势。相对于传统的信息科学技术，物联网有其鲜明的特征，是各种感知技术的广泛应用，同时建立在互联网上的泛在网络。物联网技术包括了射频识别技术、传感网、M2M系统框架以及两化融合等，能够基于卫星系统和机器终端智能交互，实现对对象的智能化信息获取、处理、执行以及控制。在城市路灯系统的应用中，搭载物联网技术及其构建形成的平台，能够有效地提高城市路灯系统的智能化水平，高效、精准的执行各项功能，实现对城市路灯系统的科学、可靠、绿色与节能的运行与管控。

（2）基于物联网的城市路灯系统完善与拓展措施

基于物联网的城市路灯系统的完善与拓展，首先需要构建整体性的控制与管理机制，才能实现对路灯系统建设与维护的有效拓展。具体而言，在城市路灯系统的系统构架上，城市路灯系统的照明功能是其主要项目，可以通过互联网连接控制系统，进而实现对各个子系统乃至终端照明设备的控制，与此同时还能够实时的检测并跟踪和采集各项终端附近区域的照明信息，例如耗电量、照明度等。在获取各项照明数据的基础上，将这些有效的信息数据上传至云端，通过强大的物联网信息平台中的云计算模块，对这些反馈的数据信息进行高效的分析、处理与整合，并输出结果，得到执行动作，最终实现对城市路灯系统的询问、控制、维护、监控与监测等功能。为了实现这一系列的执行功能，实现对城市路灯系统的自动化和智能化控制，我们的物联网控制系统需要构建较为完善的实施方案，进而有效的应对不同环境条件下的城市路灯系统可能出现的状况。而在整体化功能的完善与拓展方面，主要包含了以下几大部分。第一，在照明系统的管理与维护上，搭载了物联网技术与平台的智能化控制系统，能够实时地对城市路灯系统某一环节或某个节点中出现的故障进行准确的分析和反馈，进而根据城市路灯系统运行的实时状况以及出现的局部问题，快速地进行整体评估，并得出最为高效的执行动作，实现对路灯系统的快速维护。同时，由于城市路灯系统的亮度与能耗是控制中的一大难点，基于物联网的管控机制，则能够根据季节、气候乃至实时天气来对路灯系统每一个节点的能耗进行评估，结合整体能耗的计算，通过智能控制特定场景下的路灯亮度，实现对路灯系统照明的二次节能。第二，针对城市路灯系统中监管不力，甚至出现路灯设施与设备被偷窃的问题，基于物联网的城市路灯系统能够完美的解决这一问题。在进行了完善与拓展的城市路灯系统管理平台中，管控机制涵盖了资产管理和地理信息系统，能够实现对每一个路灯、每一个灯杆的管理。换言之，智能化的城市路灯管理系统融合了地理信息定位功能，不但能够显示具体路灯的位置，而且还能通过该系统和功能实现资产定位，实现对资产所有权的管理，有效地杜绝了城市路灯系统中资产流失的问题，除此之外，还能够清晰地统计出具体道路的亮灯情况，实现对路况照明情况的准确掌控。第三，基于物联网的城市路灯系统将成为一个数据资源共享的大平台，在完成基本照明功能的基础上，为城市管理提供更多大数据处理的功能延伸。通过开放相关的应用接口和数据共享平台，可以使得城市路灯系统所采集的监控、空气质量以及环境指标等数据成为各个相关部门、单位和企业的重要数据来源，为其优化城市的建设与发展提供更多的数据资源。由此可见，基于物联网的城市路灯系统的优化发展措施，不但能够提升路灯系统及其功能完善，实现对路灯系统的自动化和智能化管理与控制，同时还能为城市的现代化发展提供更多策略数据和共享方案，为城市的建设做出更大的支持与贡献。

3.物联网在城市路灯系统的应用发展的几点思考

基于物联网在城市路灯系统的应用发展中的重要作用与价值，不断促进物联网与城市路灯系统的融合发展，提升城市路灯系统的自动化和智能化发展水平是未来的发展趋势与目标。因此，就如何结合物联网技术与平台的发展趋势，持续提升城市路灯系统的应用发展水平提出以下几点思考与展望。

（1）把握物联网标准体系和应用模式，构建符合城市现代化发展的智能化路灯系统。随着物联网行业的发展，其在路灯系统中的应用标准将会越来越成熟与完善，在此基础上关键奇数的标准乃至行业标准体系都将逐渐成形，与此同时，物联网技术和平台的运营商、服务商、制造商以及服务商都会在标准体系的变化中重新展开角逐、竞争和重新定位。因此，智能化的路灯系统构建，需要有效的把握物联网技术与平台的发展趋势，准确掌握标准体系和应用模式的发展方向，合理平衡各大企业和单位之间的定位与利益分配，进而完善城市路灯系统及其各项功能的持续完善与升级。

（2）依托物联网技术与平台，加强路灯的防盗管理及防盗技术，推动路灯系统管理科学化、智能化。基于物联网的城市路灯管理与维护，可以采用先进的防盗监测技术，运用合适的防盗工艺，把监控装置与公安控制平台连接，从防盗技术与管理措施上杜绝路灯设施的防盗事件的发生，而智能化路灯监控管理系统则能够满足不同区域、不同季节、不同时段的交通照片与监控需求，实现对城市路灯系统各项功能的动态实时监测与跟踪。

（3）按照我国城市建设与发展的目标与需求，持之以恒的优化城市路灯系统的线路规划。物联网技术与平台在城市路灯系统中的融合与应用发展，不但体现在路灯系统在投产过程中的各项管理工作以及后期的维护工作，同时在城市路灯系统的线路规划与设计施工中也需要全面的执行与落实。物联网技术与平台的应用与构建，能够收集更多的相关资源数据，更为有针对性对前期的线路规划、路灯设备安装选址、节能措施制定、道路路形考量等多维度进行合理的指导，进而确保规划管理工作的合理性与准确性。

二、物联网的路灯控制系统

1. 系统工作原理

物联网控制的路灯，主要由单片机、监控、光控开关、钟控开关、红外线感知控制的各类传感器以及计算机控制终端等设备组成。

钟控器，需要调整钟控器的开关灯时间设置，用它来调节时间实现路灯的时间控制。

光感电阻，是利用半导体的光电效应制成的一种电阻值随入射光的强弱而改变的电阻器；入射光强，电阻减小；入射光弱，电阻增大。光敏电阻器一般用于光的测量、光的控制和光电转换（将光的变化转换为电的变化）。通常，光敏电阻器都制成薄片结构，以便吸收更多的光能。当它受到光的照射时，光敏层内就激发出电子—空穴对，参与导电，使电路中电流增强。

人体都有恒定的体温，一般在 37 度，所以会发出特定波长 10UM 左右的红外线，被动式红外探头就是靠探测人体发射的 10UM 左右的红外线而进行工作的。人体发射的 10UM 左右的红外线通过菲泥尔滤光片增强后聚集到红外感应源上。红外感应源通常采用热释电元件，这种元件在接收到人体红外辐射温度发生变化时就会失去电荷平衡，向外释放电荷，后续电路经检测处理后就能实现电路连接通电路灯亮。

通过控制中心和现场远程分布式 RTU，借助移动通信网络，完成对市政路灯的每一盏灯的远程控制、远程调光、远程监视、远程实时动态管理。

2. 系统控制模块设计

在行人多的地区，根据光控开关的敏感性，在其前面加了一个钟控开关，以至于让路灯在白天不工作而在夜晚的一定时间工作，即使在阴天，钟控开关也会控制光控开关，让其不工作。如果在夏季，昼长夜短，在该时间段，钟控开关已经打开，但是仍是白天，有光控开关的存在，路灯就不会工作，充分起到节电的效果。如果在冬季，昼短夜长，可以调节钟控开关，增长路灯在夜晚工作的时间。在行人稀少的地区，考虑到电力的过度浪费，采用了钟控开关与传感器结合的控制系统，对电路实现控制。当夜晚来临时，光控开关会自动打开，但是因为行人稀少，在凌晨过后很少会有行人出现，所以，在光控开关后面加了钟控开关，在该路段定时控制，当考虑到会有极少数车辆或行人在该路段行走，因此，安装了红外线检测系统，配合钟控开关工作。行人或车辆出现时，路灯开始工作，当红外线检测不到热量时，路灯停止工作。

3. 系统结构设计

系统由三部分组成：计算机路灯控制中心、管理中心和路灯控制终端。

计算机路灯控制中心和管理中心通过物联网方式与分布在各地的路灯控制监控终端实现对码控制，进而控制区域和城市的路灯。

1）路灯控制中心系统是该系统体系的大脑，用以分析与研究数据，对于信息进行处理的系统结构；

2）路灯管理中心系统是以物联网平台为基础的管理体系，监控与遥控（无线电控、智能控制）、远程数据通信网络、管理中心等体系相辅相成，共同构成该网络结构。实时的数据管理，有效地满足我们对路灯系统信息的要求，高效性，快速性的信息传递方式，让管理更加方便快捷；

3）路灯监控终端，在执行操作的同时，对路面实行监控，它代替了人类的眼睛，可以智能的进行路灯之间的控制，也可以监控车流量，以及违法乱纪的现象，为我们的生活安全提供了保障。在现代生活中，节能这一课题一直是我们讨论的重点，该系统终端可以详细记录开关灯时间，进行数据传递的同时，还能达到节能效果。

该系统可以对路灯进行远程操控，单回路的控制模式，待路灯出现障碍时，监控系统自带的报警功能可无线传回管理中心，系统可对故障具体分析，具体处理，使维修更加方便。

4. 优势

1）传统路灯管理系统通过铺设控制电缆需要大量线路而此电路大多用无线控制。比传统路灯节约电线资源，人力资源等等。

2）传统路灯需要时控开关浪费人力，无线传感器网络路灯管理即可以实现按照程序进行控制，也可以根据室外照度控制。

3）传统路灯是时控开关，定时而亮，而该设计是光控配合时控以及红外线控制，节约电力。

4）监控系统出现在路灯上，有助于交通设施的防盗，以及对各种违法乱纪情况进行监控等，节约人力物力，有助于管理。

三、物联网智能控制节能路灯设计

1. 基于物联网的节能路灯系统

物联网的节能路灯系统架构，主控中心通过无线通信网络与一个或一个以上分控中心进行双向通信，分控中心通过无线通信网络与其他分控中心及一个或一个以上控制单元中心进行双向通信。

控制单元中心分别设置在路灯上，包括数据处理单元、输入单元、定位单元、环境检测单元、脉宽调制单元、时钟存储单元和数据传输单元。

输入单元的输入键盘和液晶显示器与数据处理单元的相应 I/O 口连接；定位单元的北斗或 GPS 定位模块与数据处理单元的相应 I/O 口连接；环境检测单元的光强检测模块通过放大电路，经 A/D 转换电路后与数据处理单元的相应 I/O 口连接；脉宽调制单元经稳压电路后与数据处理单元的相应 I/O 口连接；时钟存储单元附晶振电路，与数据处理单元的相应 I/O 口连接；数据传输单元经过无线通信网络与分控中心或其他控制单元中心进行双向通信。控制单元中心包括一块备用可充电电池，在断电情况下该电池支持系统续航工作。

环境检测单元可根据需求增加模块，如为检测道路是否有车辆经过，可增加磁阻传感器模块；为检测道路是否有行人经过，可增加热释电红外传感器模块；为检测行人或车辆的速度，可增加多普勒雷达测速模块。

数据传输单元采用 GPRS、3G、WiFi、ZigBee 中的一种传输方式，此系统的数据传输单元采用 ZigBee 无线通信模块。

为给行人和车辆提供足够大的照明区域，热释电红外传感器的探头结合使用了菲涅尔透镜，使得有效探测距离增大到 10m。

2. 时钟芯片

实时钟是电子控制和通信设备中的常用器件。此系统中，时钟储存单元采用 DS1302。

DS1302 主要特性如下：

①可以实现年、月、日、星期、时、分、秒的计数，采用涓流充电；

②在时间格式方面，用户可以根据自己情况采用 12 小时制或 24 小时制；

③与控制中心（如单片机）之间采用同步串行通信，有 3 个口线: RES 复位、I/O 数据线、SCLK 串行时钟线。

3.ZigBee 的通信协议

ZigBee 技术主要用于短距离和数据传输速率要求不高的各种电子设备之间的信息传递，其特点是：

①设备的间距小；

②所需要传输的数据量小；

③设备体积小，不允许放置大的电源模块；

④在一定的范围内设备多，覆盖比较广；

⑤用于设备的信息检测和控制。

ZigBee 的栈模型。包括高层应用规范、应用汇聚层、网络层和数据链路层。

（1）应用汇聚层可以实现业务的数据流汇聚和设备的发现等功能，将不同的应用映射到 ZigBee 网络上。

（2）网络层可以对相关的业务命名、寻址、搭建和维护结构拓扑，其中网络层有自维护能力，可以减小用户成本。

（3）IEEE802 系列标准数据链路层分为 LLC 和 MAC 两个子层。LLC 层可以保证数据的可靠性、对数据包进行分段以及数据的传输；MAC 协议可实现设备间设备的无线连接、维护和结束连接。

四、物联网的城市路灯模糊智能调控策略

1. 基于物联网的城市路灯等效模型

伴随着科学技术的迅速发展，城市路灯在智能交通中扮演者越来越重要的角色，但城市路灯的灵活性较低，一旦发生故障难以及时维修，不利于提升车辆和行人出行的安全性。随着物联网技术在城市路灯领域的应用，实现对城市路灯的模糊智能控制已经成为可能。物联网注重设计对象的可控性，通过建立基于物联网的城市路灯等效模型实现对城市路灯模糊智能调控的分析。基于物联网对城市路灯模糊智能调控，通过对无线通信软件的充分利用，能够有效实现智能化控制。在一定区域内，通过为路灯设置相应的节点，能够利用无线路由器将各个节点联系在一起，同时，在固定的区域内，通过对路况信息采集系统的充分利用，能够将无线路由器采集到的路况和路灯信息传递给计算机，计算机通过使用模糊控制算法，实现对城市路灯的模糊智能调节。在设计城市路灯模糊智能控制系统的过程中，应注意以下几点：

（1）应建立完善的无线通信以及协议规范，受城市路灯较为分散的影响，需要充分利用无线通信实现对城市路灯的智能模糊控制。在建立完善的无线通信以及协议规范的过程中，应充分考虑到无线通信的传输速度、数据安全性和设计成本，采用 GPRS+ZigBee 的无线通信方式。利用 GPRS 由某个路由器节点向计算机发送路况的实时数据和路灯的电压电流信息，计算机利用模糊控制算法对接收的数据信息进行深入分析，并向各个路由器节点发送指令，经由 ZigBee 实现对年城市路灯亮度的智能调节。

（2）建立路况信息采集装置和模糊知识库。在设计城市路灯模糊智能控制系统的过程中，应通过对监控摄像头的充分利用，实现对某路段通行量的实时统计，结合该区域的季节变化特点实现对城市路灯开启和关闭时间的合理控制，并建立模糊知识库，为城市路灯的迷糊智能控制提供科学的参考依据。将路灯的光照强度和电压以及电流信息利用 GPRS+ZigBee 无线通信网络传送至监控计算机，由计算机建立模糊知识库，采用模糊控制算法对数据进行计算和分析，根据计算结果对城市路灯的亮度进行合理调节。例如，天津市某区通过对物联网技术的充分运用，设计了完善的城市路灯系统，其路灯杆能够实现 LED 节能灯、Wi-Fi、智能摄像头、通讯微基站、LED 显示屏、报警系统、语音播报等功能，还能检测空气质量、噪声、风力、风向以及给交通导行，此外，该城市路灯通过采用灵活

的照明策略，自动对每盏路灯的开关状态、照明亮度进行精准控制，节能率高达80%，可减少90%以上的维护成本，符合经济可持续发展的目标，得到了广大研究人员的青睐。

2. 基于物联网的城市路灯模糊智能控制器设计

（1）合理选取目标特征量

目标特征量主要是指城市路灯的光照强度和路段通行量。其中，应将光照强度作为优先量，如果某特定路段城市路灯的光照强度大于20lx，则可将该路段的通行量作为智能调控城市路灯开关状态的合理依据。

1）获取城市路灯的光照强度信息：通过对专用光照强度传感器的充分利用，能够有效获取某路段路灯的光照强度，由于路由器能够根据覆盖面积对测量节点的数量进行合理选择，一旦某个节点的测量数据出现错误时，可立即去除该节点的测量值，利用其他节点对城市路灯进行智能调控。

2）获取路段通行量：一旦某特定路段城市路灯的光照强度大于20lx，则可将该路段的通行量作为智能调控城市路灯开关状态的合理依据，通过对高清卡口和监控摄像头的充分利用，获得该路段车辆和行人的通行信息，采用组合算法，获得该路段通行量。

（2）设计城市路灯模糊智能控制器

经过对城市路灯模糊智能控制的等效模型进行深入分析可知，城市路灯通过对光照强度和路段通行量的精确分析，实现模糊智能控制功能。根据模糊控制原则，设计出城市路灯模糊控制器。

（3）城市路灯模糊智能控制流程

城市路灯模糊智能控制的根本目的在于通过对计算机语言的充分运用，实现对路灯端电压的有效控制。城市路灯模糊智能控制流程如下：第一，通过对无线路由器的充分利用，将各个节点初始化，采用逐一试探的方式，将各个节点连接至ZigBee；第二，对城市路灯的光照强度进行检测，在确保城市路灯的夜间光照强度不低于20lx的情况下，对各个路段的通行量进行检测；第三，由城市路灯模糊控制器对控制端的电压进行输出，路灯端根据城市路灯模糊智能控制器发出的指令，对城市路灯的电压值进行智能调节，进而实现远程智能控制的目标。

结　语

从改革开放至今，我们国家各个领域均得到飞速发展机遇，电气工程发展更在其中占据领先地位。在改革开放大背景下，我国当代科技发展某种程度促进电气工程自动化发展，同时，自动化渐渐变成促进电气工程可持续发展的力量源泉。电气工程在进行施工中结合自动化新兴科技，不单对电气工程提高工作效率十分有利，还可减少生产过程各类事故的发生概率，让电气工程更加快速稳健发展下去。由此，相关从业人员务必结合行而有效解决对策应对电气自动化过程中存在的主要问题，充分理解电气自动化有关技术内容，从而确保工作效能最大限度发挥出来。

目前，电气工程及其自动化的应用范围不断被增加，其完善的程度越高对社会的推动力就越大，所以，电气工程及其自动化的发展是当前的首要任务。电气工程企业只有科学、合理、统一的自动化系统，才能保障我国经济的稳步增长。